上班族必備的 AI 神器

如何擁有 AI 小助理?
如何成為一位高效能的上班族?

成·摯·推·薦
吳淡如・范可欽

中信金融管理學院
科技金融研究所教授　孫大千　著

Work Smarter with AI

博碩文化

作　　　者：	孫大千
撰 文 助 理：	陳思瑋
封 面 攝 影：	許世錦
責 任 編 輯：	何苡穎
董 事 長：	曾梓翔
總 編 輯：	陳錦輝

出　　　版：	博碩文化股份有限公司
地　　　址：	221 新北市汐止區新台五路一段 112 號 10 樓 A 棟 電話 (02) 2696-2869 傳真 (02) 2696-2867

發　　　行：	博碩文化股份有限公司
郵 撥 帳 號：	17484299　戶名：博碩文化股份有限公司
博 碩 網 站：	http://www.drmaster.com.tw
讀者服務信箱：	dr26962869@gmail.com
訂購服務專線：	(02) 2696-2869 分機 238、519
（週一至週五 09:30 ～ 12:00；13:30 ～ 17:00）	

版　　　次：	2025 年 5 月初版
書　　　號：	MP22518
建議零售價：	新台幣 450 元
I S B N：	978-626-414-205-2
律 師 顧 問：	鳴權法律事務所 陳曉鳴律師

本書如有破損或裝訂錯誤，請寄回本公司更換

國家圖書館出版品預行編目資料

上班族必備的AI神器 / 孫大千著. -- 初版. --
新北市：博碩文化股份有限公司, 2025.05
　面；　公分
ISBN 978-626-414-205-2 (平裝)

1.CST: 人工智慧 2.CST: 電腦程式 3.CST: 套裝軟體

312.83　　　　　　　　　　　　114004602

Printed in Taiwan

博碩粉絲團

歡迎團體訂購，另有優惠，請洽服務專線
(02) 2696-2869 分機 238、519

商標聲明

本書中所引用之商標、產品名稱分屬各公司所有，本書引用純屬介紹之用，並無任何侵害之意。

有限擔保責任聲明

雖然作者與出版社已全力編輯與製作本書，唯不擔保本書及其所附媒體無任何瑕疵；亦不為使用本書而引起之衍生利益損失或意外損毀之損失擔保責任。即使本公司先前已被告知前述損毀之發生。本公司依本書所負之責任，僅限於台端對本書所付之實際價款。

著作權聲明

本書著作權為作者所有，並受國際著作權法保護，未經授權任意拷貝、引用、翻印，均屬違法。

前言

自從我在 2024 年出版了兩本介紹人工智慧的理論和技術的新書後，每次與企業界朋友交流，總會被問到：「要怎麼樣推動公司的 AI 轉型？」、「公司應該要如何來應用 AI 工具？」或是「該如何教育員工學習使用 AI 工具？」因此，我一直想寫一本專門為辦公室上班族打造的 AI 工具書。

數週以前，由於吳淡如姐邀請我和她一起製作一系列的 AI 教學課程影片，終於讓這個想法成真。我想，既然要錄製教學影片，就不如順手把影片中的教案彙整成為一本送給上班族朋友的 AI 工具書。因此，我將這本書命名為《上班族必備的 AI 神器》。

從 2022 年生成式 AI 爆發以來，已經進入了 AI 助理大亂鬥的時代，在市場上有各式各樣的 AI 生成工具，每一種 AI 生成工具都有其優勢和限制，實在很難一一介紹。所以在這本新書中，我挑選了七款對於上班族日常工作有具體幫助的 AI 工具。分別是：Gemini 2.0、DeepSeek、Kimi、Napkin AI、Gamma、Rafael AI 以及 Quark。前三款屬於多模態大模型（LMM），不過具備了不同的特色和專長。Napkin AI 是一款可以將一段文字轉換成視覺化圖像的工具，能讓報告、簡報或論文更加生動易懂。Gamma 專門用於生成簡報，與 Kimi+ 並列為最佳生成簡報助理。至於 Rafael AI 則是一款對使用者極為友善的「文生圖像」（Text to Image）生成工具。

Preface
前言

而我為各位介紹的最後一個助理是阿里巴巴集團所推出的 Quark，這是一款功能包羅萬象的 AI 工具，之所以擺在最後，是因為在登錄時需要有一個中國大陸註冊的手機號碼來接收驗證碼，所以對很多上班族來說恐怕沒有辦法做到這件事。

我在大語言模型的部分之所以沒有介紹 ChatGPT，並非因為它的功能不足，而是因為大眾對於 ChatGPT 已經有足夠的熟悉度。所以我特別介紹了另外一款由 Google 所開發的 Gemini 2.0。至於為什麼我要介紹三款多模態大模型，一方面是因為多模態大模型對於上班族日常業務的幫助最大，另一方面是因為這三個模型各有不同的特色，Gemini 2.0 和 DeepSeek 分別由美國和中國打造及訓練，Gemini 2.0 號稱「地表最強大模型」。DeepSeek 憑藉獨特的演算法創新與全面開源政策，成為下載量最高的 AI 工具。而 Kimi 具有強大的中文處理能力，所以被封為「中文版的 ChatGPT」。至於要使用哪一個模型，端賴於工作本身的性質和需求。

AI 的時代早已來臨，在未來世界的職場環境中，只有兩種人：一種是會用 AI 的人，另外一種是不會用 AI 的人。而後者勢必將被前者取代，這已無可避免。

希望這本書能為每位上班族帶來七位 AI 小助理，協助上班族的朋友減輕負擔，完成工作。現在，就盡快讓小助理開始上工吧！

目錄

前言　I

CHAPTER 1　Gemini 2.0

範例一：資訊查詢　004
範例二：圖像辨識　021
範例三：文書寫作　023
範例四：修改文本　028
範例五：規劃方案　032
範例六：圖片生成　057
範例七：連續改圖　060

CHAPTER 2　DeepSeek

範例一：資訊查詢　071
範例二：規劃行程　075
範例三：摘要重點　078
範例四：提供意見　080
範例五：外文寫作　082
範例六：企劃任務　085
範例七：數據查詢　088

Contents 目錄

CHAPTER 3 Kimi

範例一：文本翻譯　095
範例二：圖片創作　098
範例三：文本寫作　102
範例四：拍照解題　104
範例五：製作簡報　106

CHAPTER 4 Napkin AI

範例一：貼上文本　123
範例二：AI 生成內容　132
範例三：製作圖表　136

CHAPTER 5 Gamma

1. 註冊並登入 Gamma　147
2. 選擇簡報生成方式　147
3. 文字內容輸入與設定　148
4. 選擇簡報主題風格　151
5. 簡報編輯與調整　153
6. 匯出簡報　153

CHAPTER
6 **Raphael AI**

範例一：中文輸入　160
範例二：英文輸入　161

CHAPTER
7 **Quark**

範例一：製作簡報　170
範例二：AI 生圖　178

結語　184

01

Gemini 2.0

繼 2024 年的 Gemini 1.5 之後，Google 在 2025 年 2 月 6 日正式發表了 Gemini 2.0 系列的模型，包含了 Pro、Flash、Flash-Thinking 以及 Flash-Lite 四個版本。該系列無論在一般功能、編寫程式、邏輯推理、多語言能力、數學計算及影像處理等各個層面的測試，都超越了上一代 Gemini 1.5 系列。

Gemini 2.0 號稱可處理長度達 100 萬到 200 萬個 Tokens 的上下文，目前是唯一能夠處理超長上下文的大模型。200 萬個 Tokens 大約等於 100 萬個漢字、150 萬個英文單字、1500 頁的 PDF 檔、1 萬張 1080p 的圖片、3 萬行的程式碼，或是 1 小時的視頻。這意味著，你可以輸入一整套 100 萬字的金庸武俠小說，Gemini 2.0 Pro 不僅能完整理解，還能針對書中任何章節的內容進行回答。

Gemini 2.0 系列具備多模態輸入和輸出的能力，使用者可以以音訊、文字或影像和大模型溝通，大模型也可以透過電腦或手機的鏡頭清楚的理解外界環境。更令人驚豔的是，Gemini 2.0 能與使用者共享電腦螢幕，並同步使用者正在搜尋與閱讀的資訊。你可以在查閱資料的同時向它提問，也能在觀看影片時與它對話。

Gemini 2.0 Pro 是該系列最強大的大模型，主要用於編寫高難度程式和完成相對複雜的任務。Gemini 2.0 Flash 是一個輕量高效的模型，具備基礎的編寫程式的能力，也能夠完

成資料搜尋和文件分析，可以用來處理大量且繁複的工作。而 Gemini 2.0 Flash-Thinking 是具備慢思考能力的大模型，和 ChatGPT-o3 以及 DeepSeek R1 類似，可以用來處理數學、邏輯和推理的任務。而 Gemini 2.0 Flash-Lite 則是為一般使用者來服務，使用成本相對低廉，可以說是目前成本效益最高的模型。

Gemini 2.0 在推出之後，立即在由台灣人開發的大模型匿名測試競技場（ChatBot Arena）上，分別由 Gemini 2.0 Flash Thinking 和 Gemini 2.0 Pro 佔下了榜上的前兩名，測試成績甚至超越了 ChatGPT-4o 以及 DeepSeek-R1，可以說是 Google 迄今最強大的大語言模型（LLM）。使用者可以在手機或電腦上操作。

手機的下載步驟如下：

一、點擊進入 Apple App Store 或 Google Play 商店搜尋並下載 Gemini App。

二、使用個人 Gmail 帳號登錄 Google 帳戶。

三、開始使用 Gemini 2.0。點擊上方「Gemini」的選單，可以選擇不同的版本，同時也可以採用付費的方式將帳戶升級為 Gemini Advanced。

電腦的使用方法如下：

一、訪問 Gemini 的官網，並點擊左上方選擇欲使用的模型，選項包含了：Gemini 2.0 Flash、Gemini 2.0 Flash-Thinking 以及 Gemini 2.0 Flash-Thinking 連網版本。此外，還可選擇付費升級為 Gemini Advanced。

二、或是，訪問 Google AI Studio，進入 Gemini 使用介面。在這裡你可以使用到 Gemini 2.0 Pro。Gemini 2.0 Pro 每天提供 50 次的免費使用，而 Gemini 2.0 Flash-Thinking 則是提供 1500 次的免費使用額度。

Gemini 應用範例

範例一：資訊查詢

這是一般使用者最常要求大語言模型（LLM）執行的任務。

舉個例子，假設我們要查詢南加州大學（USC）電影學院 2025 年秋季班入學申請時對於 SAT 和英文能力的標準。

使用手機者可以直接點開 Gemini App，連接上 Gemini 2.0 Flash，如圖 1-1。然後，在畫面下方的對話框內輸入以下問題：（圖 1-2）

Chapter 01　Gemini 2.0

請問如果我要申請南加州大學電影學院 2025 年秋季班的入學,是否需要準備 SAT 成績?

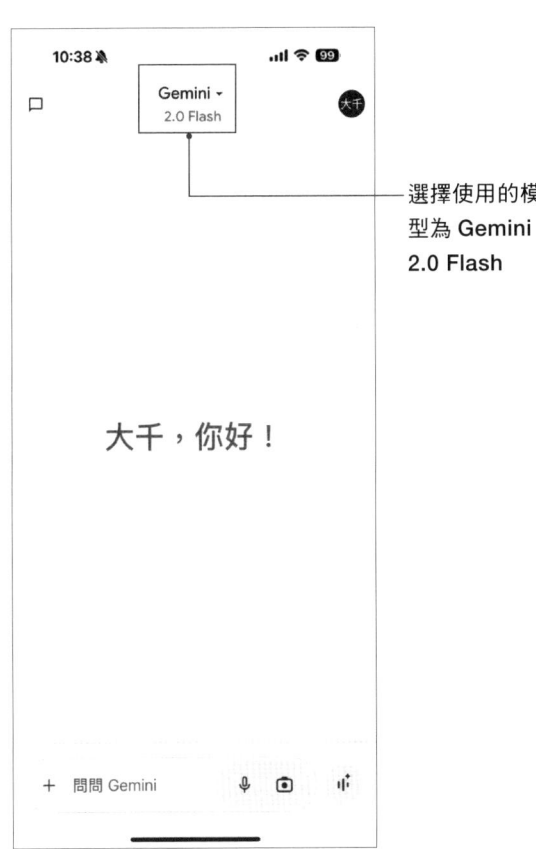

選擇使用的模型為 Gemini 2.0 Flash

▲ 圖 1-1

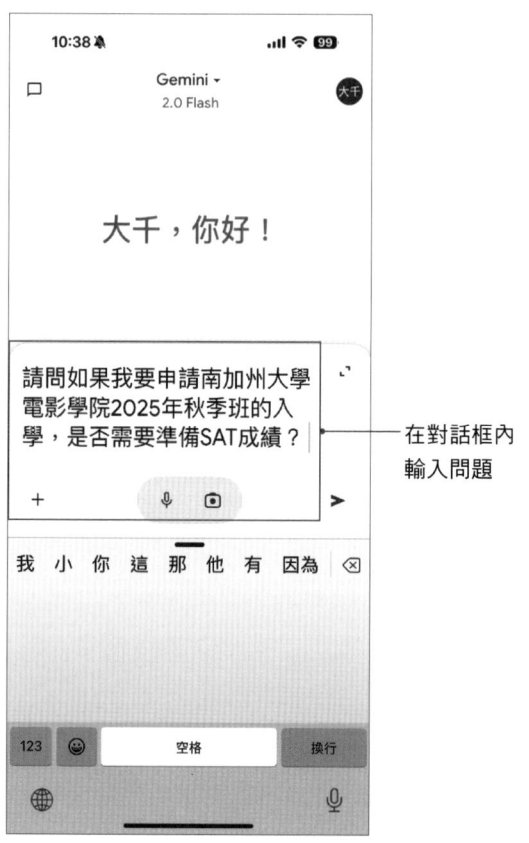

▲ 圖 1-2

Gemini 立即就會做出回應，如圖 1-3。

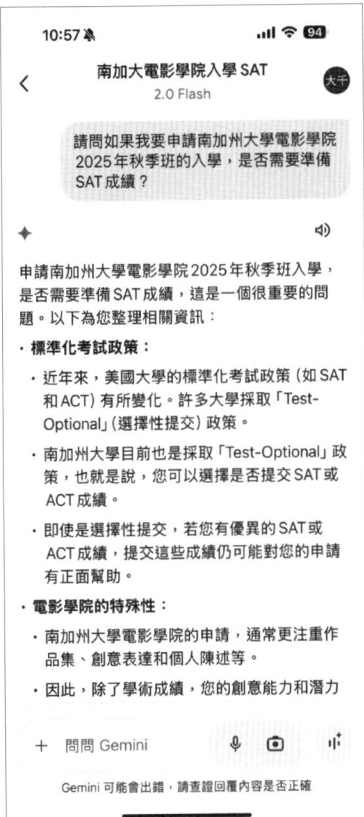

▲ 圖 1-3-1

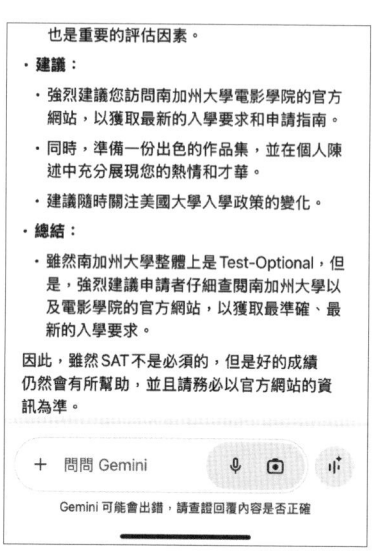

▲ 圖 1-3-2

當我們知道申請南加州大學時，SAT 成績屬於選擇性提交（Test-Optional）之後，我們接著想要進一步確認電影學院是否也是採取同樣的標準，於是我們可以繼續輸入下列的問題：

> 麻煩你看一下南加州大學電影學院的網站資料，確認一下是否需要 SAT 的成績？

Gemini 2.0 馬上就會將確認後的結果做出回覆,並且提出申請時的一些建議,如圖 1-4。於是我們知道 SAT 的確是屬於選擇性提交。

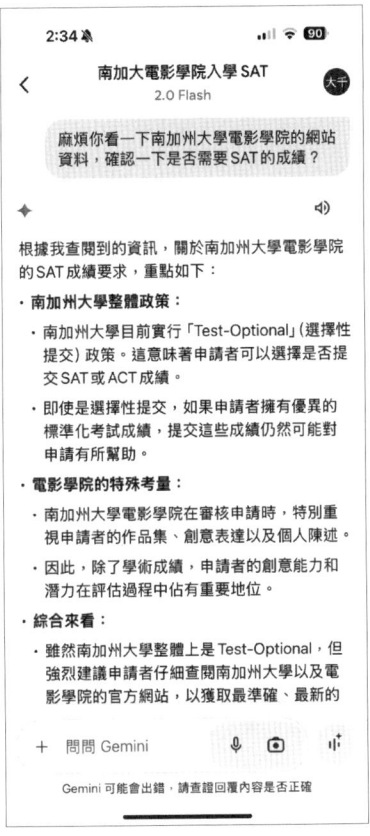

▲ 圖 1-4-1

▲ 圖 1-4-2

接下來，我們想了解對於非英語母語的學生，是否需要提供英語能力的證明？所以，我們又繼續提出下列的問題：

> 那麼申請時需要提供托福，或是雅思的成績嗎？

Chapter 01　Gemini 2.0

Gemini 也立即提供了相關的資訊，如圖 1-5。

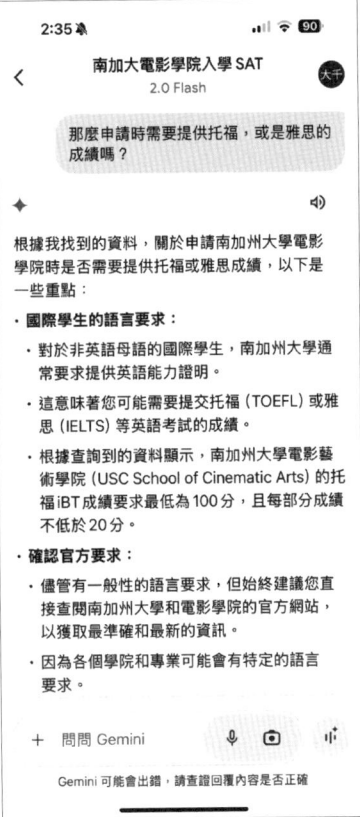

▲ 圖 1-5-1

▲ 圖 1-5-2

這時,如果我們也想了解在申請電影學院時對於高中成績的門檻,可以繼續追問:

> 請問在申請電影學院時對於高中成績的標準?

我們也會馬上得到相關的資訊和建議,如圖 1-6。請注意,在整個對話的過程中,所有的問答內容都是被 Gemini 2.0 連續記憶下來,不會發生問了下一個問題,就忘記上一個問題的狀況。

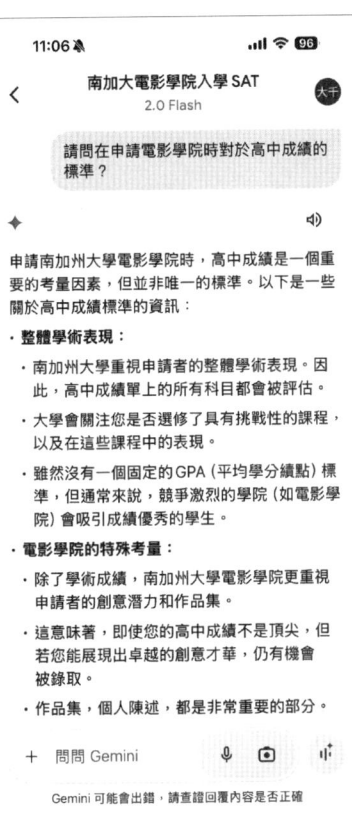

▲ 圖 1-6-1

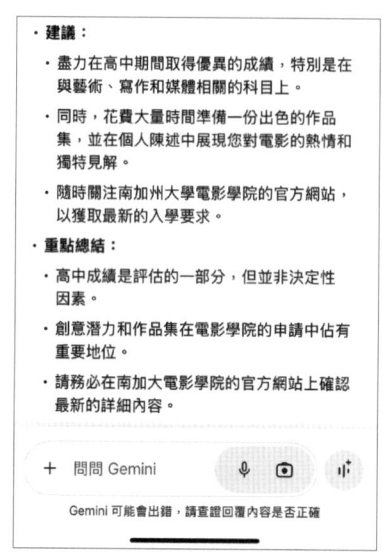

▲ 圖 1-6-2

　　如果使用電腦，可以先搜尋並進入 Google AI Studio，然後在螢幕右側 Model 的選項選擇要使用的模型，接下來就可以在螢幕下方的對話框中輸入你想提問的問題，同時點擊對話框右側的 Run 鍵，Gemini 2.0 將會立刻做出回答。

　　舉個例子，倘若我們想要了解漫威宇宙復仇者聯盟系列的票房紀錄，但是擔心資訊過於複雜，可能會導致輸出資料的幻覺，所以，我們可以選擇 Gemini 2.0 Flash Thinking Experimental，讓模型思考後再回答，然後在螢幕下方的對話框中逐步輸入下列問題：

> 請問漫威宇宙復仇者聯盟系列包含哪幾部電影？

Gemini 2.0 很快地做出下列的回應：(圖 1-7)

漫威電影宇宙（MCU）復仇者聯盟系列目前包含以下四部電影：

《復仇者聯盟》（The Avengers，2012 年）-
這是復仇者聯盟系列的第一部電影，集結了鋼鐵人、美國隊長、雷神索爾、浩克、黑寡婦和鷹眼，共同對抗洛基和齊塔瑞軍團。

《復仇者聯盟 2：奧創紀元》（Avengers: Age of Ultron，2015 年）-
復仇者聯盟再次聯手，這次的敵人是鋼鐵人創造出來的人工智慧奧創，奧創意圖毀滅人類。

《復仇者聯盟 3：無限之戰》（Avengers: Infinity War，2018 年）-
薩諾斯為了收集無限寶石來到地球，復仇者聯盟與星際異攻隊等英雄們集結對抗薩諾斯，阻止他毀滅宇宙。

《復仇者聯盟 4：終局之戰》(Avengers: Endgame，2019 年) -

無限之戰的續集，復仇者聯盟為了逆轉薩諾斯的彈指事件，必須穿越時空，再次與薩諾斯決一死戰。

總結來說，漫威電影宇宙復仇者聯盟系列目前有四部電影：

《復仇者聯盟》（2012）
《復仇者聯盟 2：奧創紀元》（2015）
《復仇者聯盟 3：無限之戰》（2018）
《復仇者聯盟 4：終局之戰》（2019）

這四部電影構成了漫威電影宇宙中一個重要的故事線，也是許多粉絲心目中最經典的系列之一。

需要注意的是：雖然漫威電影宇宙還有許多其他英雄集結的電影，例如《美國隊長 3：英雄內戰》和未來即將推出的《復仇者聯盟：秘密戰爭》、《復仇者聯盟：康之王朝》等，但目前官方明確定義的「復仇者聯盟系列」電影只有以上四部，也就是片名中直接帶有 "Avengers" 的電影。後續的電影可能會被視為新的復仇者聯盟系列，或者屬於其他不同的系列。

Chapter 01　Gemini 2.0

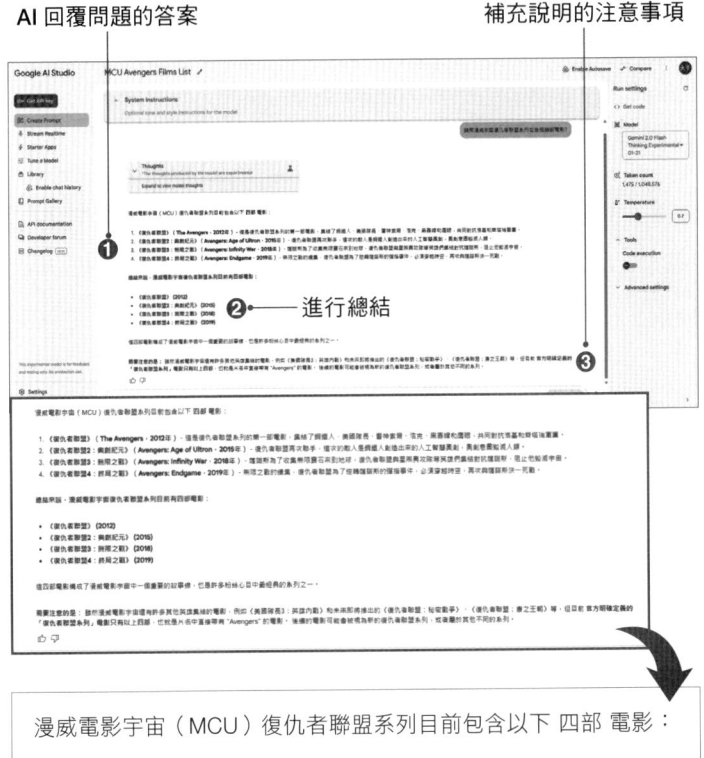

▲ 圖 1-7

於是我們接著再度提問：

> 麻煩幫我查一下漫威宇宙復仇者聯盟系列的票房紀錄？

然後，我們就會得到非常詳盡的回答：（圖 1-8）

好的，以下是漫威電影宇宙復仇者聯盟系列電影的全球票房紀錄（截至目前）：

《復仇者聯盟》（The Avengers，2012 年）
全球票房：15.18 億美元
《復仇者聯盟 2：奧創紀元》（Avengers: Age of Ultron，2015 年）
全球票房：14.05 億美元
《復仇者聯盟 3：無限之戰》（Avengers: Infinity War，2018 年）
全球票房：20.48 億美元
《復仇者聯盟 4：終局之戰》（Avengers: Endgame，2019 年）
全球票房：27.97 億美元（歷史票房第二高，僅次於《阿凡達》）

票房紀錄總結：

電影名稱上映年份全球票房（美元）
《復仇者聯盟》2012　1,518,815,515
《復仇者聯盟 2：奧創紀元》2015　1,405,403,694
《復仇者聯盟 3：無限之戰》2018　2,048,383,810
《復仇者聯盟 4：終局之戰》2019　2,797,501,328

重點說明：

- 以上票房數字皆為全球票房，包含北美及國際市場的總票房收入。
- 票房數據會隨著時間推移略有變動，以上數據為目前常見且較為一致的統計數字。
- 《復仇者聯盟 4：終局之戰》曾一度超越《阿凡達》成為影史票房冠軍，後被《阿凡達》重映後再次超越，目前仍穩居影史票房第二位。

可以看出，復仇者聯盟系列電影在票房上取得了巨大的成功，每一部都躋身全球票房最高的電影行列，也證明了這個系列在全球範圍內的受歡迎程度。

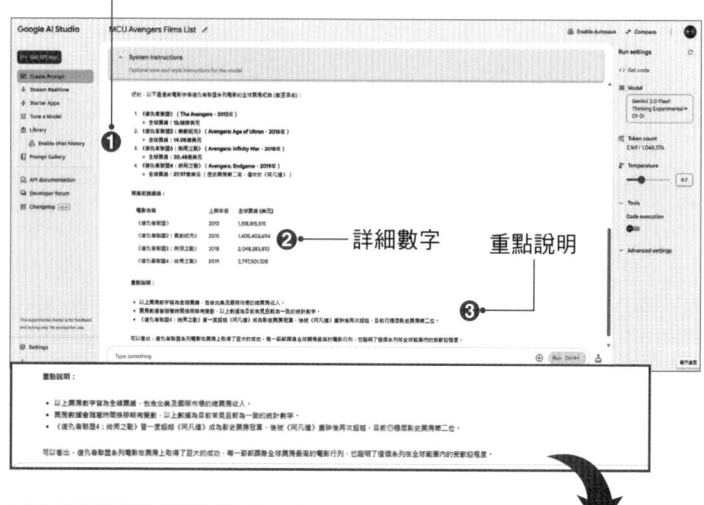

重點說明：

- 以上票房數字皆為全球票房，包含北美及國際市場的總票房收入。
- 票房數據會隨著時間推移略有變動，以上數據為目前常見且較為一致的統計數字。
- 《復仇者聯盟4：終局之戰》曾一度超越《阿凡達》成為影史票房冠軍，後被《阿凡達》重映後再次超越，目前仍穩居影史票房第二位。

……

▲ 圖 1-8

範例二：圖像辨識

由於 Gemini 2.0 是一個多模態大模型，可以接受圖像的輸入，因此具有辨識圖像內容的能力。

手機使用者只需點擊對話框的右端的相機符號，便可以拍照，並且請 Gemini 2.0 進行辨識。

舉個例子，如果我們拍攝了一隻馬爾濟斯犬，同時提出下列問題：

> 請問你看到了什麼？

Gemini 2.0 將會立刻做出回應，如圖 1-9。Gemini 2.0 不但可以立即辨別出這是一隻馬爾濟斯犬，同時也描述了動作、表情以及影像中的背景。

透過手機或電腦的鏡頭，Gemini 以影像的方式與真實世界進行互動，既然可以辨識相片中的物體以及細節，那麼當然也可以透過鏡頭理解周遭的環境，某種程度來說，Gemini 可以「看見」這個世界。

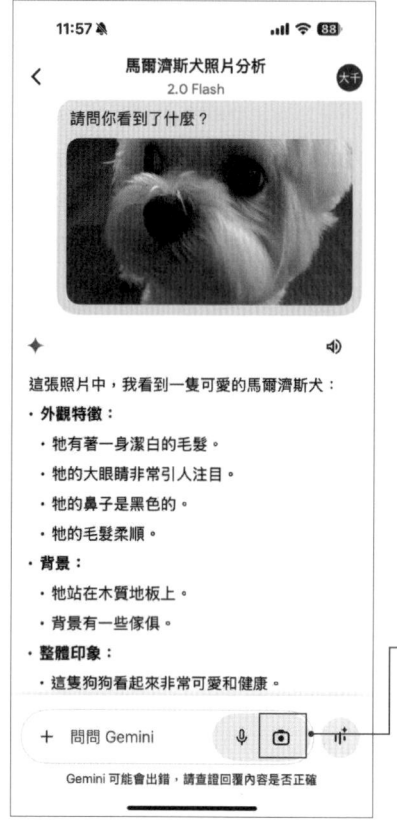

點擊相機符號便可以拍照,請 Gemini 2.0 進行辨識。

Gemini 辨識出這是一隻馬爾濟斯犬,同時描述了動作、表情以及影像中的背景。

▲ 圖 1-9

範例三：文書寫作

Gemini 2.0 展現了強大的文書寫作能力，除了可以為使用者完成簡易的電子郵件、往來書信和研究報告之外，甚至還可以在作者輸入一本小說的前幾個章節後，自行發展故事線，採用相同的風格，主動將整本小說完成。

舉個例子，如果我們希望 Gemini 2.0 以電腦視覺特效公司數字王國（Digital Domain）執行董事的身分，寫一篇在 2026 年奧斯卡頒獎典禮上的英文得獎感言，我們可以輸入下列指示：

> 請你以電影視覺特效公司數字王國執行董事的身分，寫一篇在 2026 年奧斯卡頒獎典禮上得獎的感言，請用英文書寫。

Gemini 2.0 只花了不到 5 秒鐘的時間就完成了一篇英文的得獎感言，如圖 1-10。同時，也提出了一些修正的建議，包含應該具體指出是因為哪一部電影而得獎。

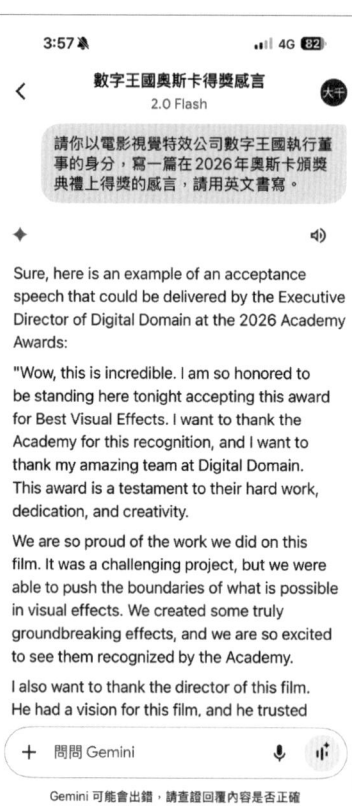

▲ 圖 1-10-1

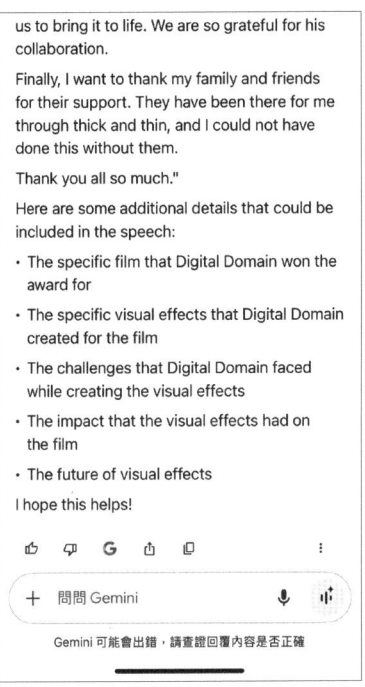

▲ 圖 1-10-2

所以,我們可以做出下面的補充:

如果得獎的電影是「美國隊長:無畏新世界」,可以再幫我寫一篇英文的得獎感言嗎?

同樣的，Gemini 2.0 立即就完成修改，為我們輸出了另外一篇得獎感言，如圖 1-11，並且還進一步提出了一些其他的建議內容。

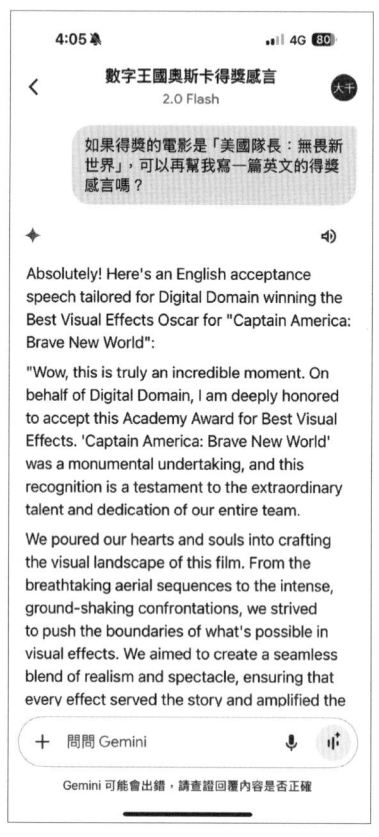

▲ 圖 1-11-1

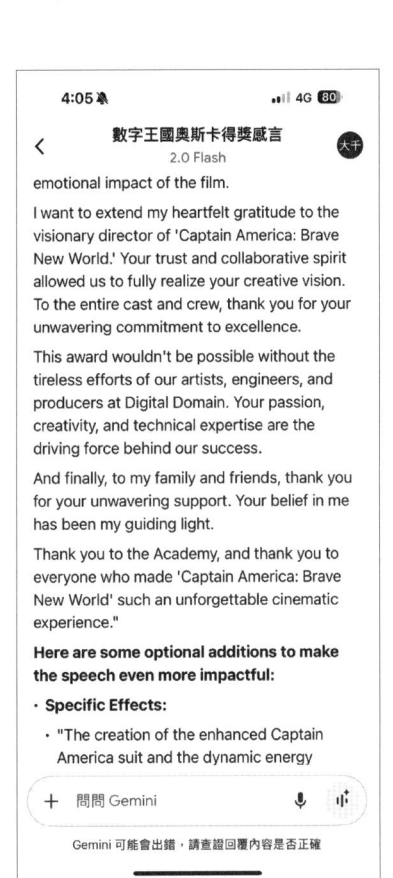

> 4:05 .ıl 4G 80
>
> ❮ **數字王國奧斯卡得獎感言** 大千
> 　　2.0 Flash
>
> emotional impact of the film.
>
> I want to extend my heartfelt gratitude to the visionary director of 'Captain America: Brave New World.' Your trust and collaborative spirit allowed us to fully realize your creative vision. To the entire cast and crew, thank you for your unwavering commitment to excellence.
>
> This award wouldn't be possible without the tireless efforts of our artists, engineers, and producers at Digital Domain. Your passion, creativity, and technical expertise are the driving force behind our success.
>
> And finally, to my family and friends, thank you for your unwavering support. Your belief in me has been my guiding light.
>
> Thank you to the Academy, and thank you to everyone who made 'Captain America: Brave New World' such an unforgettable cinematic experience."
>
> **Here are some optional additions to make the speech even more impactful:**
>
> · **Specific Effects:**
>   · "The creation of the enhanced Captain America suit and the dynamic energy
>
> ＋ 問問 Gemini 🎤 ᵢₗᵢ
>
> Gemini 可能會出錯，請查證回覆內容是否正確

▲ 圖 1-11-2

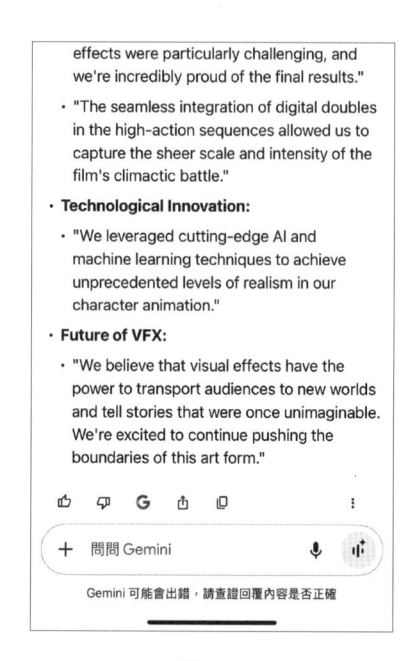

> effects were particularly challenging, and we're incredibly proud of the final results."
> • "The seamless integration of digital doubles in the high-action sequences allowed us to capture the sheer scale and intensity of the film's climactic battle."
>
> · **Technological Innovation:**
> • "We leveraged cutting-edge AI and machine learning techniques to achieve unprecedented levels of realism in our character animation."
>
> · **Future of VFX:**
> • "We believe that visual effects have the power to transport audiences to new worlds and tell stories that were once unimaginable. We're excited to continue pushing the boundaries of this art form."

▲ 圖 1-11-3

範例四：修改文本

在工作中，我們經常要書寫文章、信件、公文、報告、論文，甚至是一本書籍，相信大家都有相同的經驗，最困擾的就是要確保內容中不會有錯字，可是往往查錯查了數遍，總是會有一些漏網之魚。如今，這些工作都可以交由 Gemini 2.0 來替我們完成。

舉個例子，我可以請 Gemini 2.0 對這本新書第一章初稿的前幾段文字來校正。首先，我們在對話框中輸入：

> 請幫我校正下列內容是否有錯字？

接著再附上相關的內容。很快地 Gemini 2.0 就完成工作，並且做出下面的回答，如圖 1-12。雖然內容中沒有錯字，但是 Gemini 2.0 也提出了一些修正的建議如下：

您好，這篇文章整體寫得不錯，資訊豐富且流暢易懂。我仔細檢查後，發現以下幾處可以微調的地方，讓文章更精確和自然：

1.「超長上下文本」建議修改為「超長上下文」（"上下文"是更常用的詞彙）

2.「Gemini 2.0 Flash-Thinking 這是具備慢思考能力的大模型」建議修改為「Gemini 2.0 Flash-Thinking 是具備慢思考能力的大模型」（移除多餘的"這是"更簡潔）

3.「使用者可以在手機或者是電腦上操作。」建議修改為「使用者可以在手機或電腦上操作。」（"或者"在這裡稍嫌口語，用"或"更正式）

4.「Apple App Store 或是 Google Play 商店」建議修改為「Apple App Store 或 Google Play 商店」
（同上，"或者"改為"或"）

5.「理解到外界的環境」建議修改為「理解外界環境」（更精簡自然的說法）

6.「大量，並且繁複的工作」建議修改為「大量且繁複的工作」（使用"且"連接更正式）

7.「為一般普羅大眾的使用者來服務」建議修改為「為一般使用者來服務」（"普羅大眾"略顯累贅，"一般使用者"已足夠表達意思）

於是，我們就可以作為修改的參考。

Gemini 提出了七點文字修正的建議

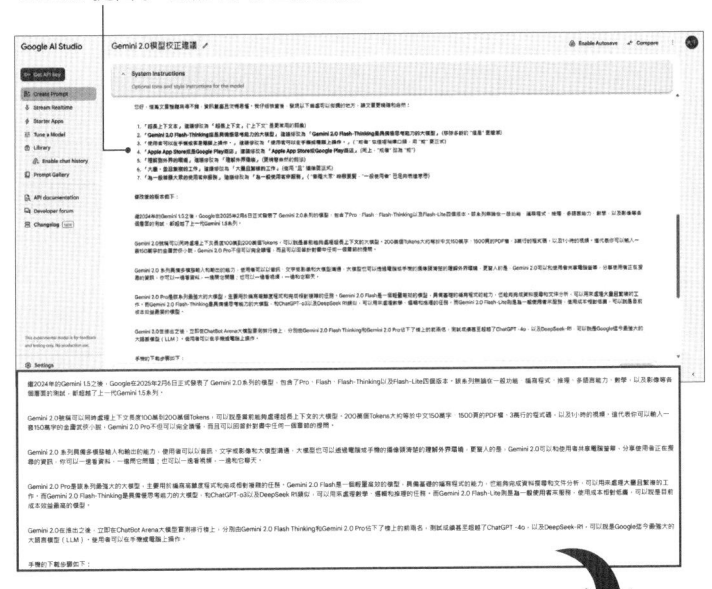

繼 2024 年的 Gemini 1.5 之後，Google 在 2025 年 2 月 6 日正式發表了 Gemini 2.0 系列的模型，包含了 Pro、Flash、Flash-Thinking 以及 Flash-Lite 四個版本。該系列無論在一般功能、編寫程式、邏輯推理、多語言能力、數學計算及影像處理等⋯⋯

▲ 圖 1-12

範例五:規劃方案

在辦公室工作中,往往會需要針對特殊任務來規劃方案。這個時刻,Gemini 2.0 就可以扮演一個非常稱職的助理角色,提供創意想法。

舉個例子,行銷團隊要針對一隻可愛俏皮的白色捲毛兔子角色來設計公仔和周邊產品,以及行銷計劃。我們同樣可以請 Gemini 2.0 提供意見。

> 請針對一隻可愛俏皮的白色捲毛兔子角色來設計公仔、周邊產品以及行銷計劃?

以下是 Gemini 2.0 所提出非常完整的行銷計劃:(圖 1-13)

> 好的,針對這隻可愛俏皮的白色捲毛兔子角色,我們來設計公仔、周邊產品以及行銷計劃。
>
> 首先,我們要為這隻兔子取一個可愛的名字,並賦予牠鮮明的個性,這樣才能讓消費者更容易記住和喜愛。

一、角色設計：

角色名稱：棉花糖兔（棉花糖兔 - Miánhuā táng Tù）或 糖糖兔（糖糖兔 - Táng Táng Tù）
（名字要可愛、易記，並呼應白色捲毛的蓬鬆感）

角色外觀：

顏色：純淨的白色，強調潔白無瑕的可愛感。

毛髮：蓬鬆柔軟的捲毛，觸感舒適，視覺上增加可愛度。

眼睛：大而圓的眼睛，顏色可以是溫柔的粉色、水藍色或琥珀色，眼神要靈動有神，充滿好奇和俏皮。

耳朵：長長的耳朵，可以稍微下垂或豎起，增加不同的表情變化。耳朵內側可以是淡淡的粉色或淺灰色。

鼻子：小巧的粉色鼻子，微微翹起，更顯俏皮。

表情：主要表情是微笑、好奇、興奮、一點點小小的調皮，總之要展現活潑開朗的個性。

服裝（可選）：可以考慮為兔子設計一些簡單可愛的服裝，例如：

小小的背帶褲，顏色可以是粉嫩的馬卡龍色系。

可愛的領結或圍巾，增加造型變化。

小小的花朵頭飾或帽子，增添女性化的柔美感。

角色個性：

性格：活潑開朗、好奇心旺盛、天真爛漫、溫柔善良、有點小小的調皮和冒險精神。

喜好：喜歡吃紅蘿蔔、草莓等甜甜的水果，喜歡在草地上跳躍玩耍，喜歡和朋友一起玩耍，喜歡被溫柔地撫摸。

口頭禪（可選）：可以設計一句可愛的口頭禪，例如：「蹦蹦跳跳！」、「糖糖來囉！」、「好奇好奇！」

二、公仔設計：

設計理念：最大程度還原角色的可愛俏皮感，強調捲毛的蓬鬆質感和靈動的眼神。

公仔種類：

Q 版公仔：頭大身體小的可愛比例，可以設計多種不同姿勢和表情，例如：坐姿、站姿、跳躍、揮手、抱著紅蘿蔔等。

毛絨公仔：使用柔軟的毛絨材質，強調觸感舒適，適合抱著玩耍或當作抱枕。可以設計不同尺寸，從小巧的鑰匙圈吊飾到大型的抱枕公仔。

盲盒公仔：推出一系列不同造型和配件的盲盒公仔，增加收藏性和趣味性。可以設計隱藏款或限定款，提升稀有度和吸引力。

可動公仔：關節可動的公仔，可以擺出更多不同的姿勢，增加互動性和可玩性。

材質選擇：

PVC/ABS 塑膠：適合製作 Q 版公仔和盲盒公仔，可以精細還原角色細節。

毛絨：適合製作毛絨公仔，強調柔軟舒適的觸感。

搪膠：適合製作手感溫潤、帶有復古感的公仔。

細節設計：

眼睛：使用高光材質或水鑽，讓眼睛更加閃亮有神。

毛髮：使用植絨技術或特殊的捲毛材質，模擬真實捲毛的蓬鬆感。

配件：可以搭配一些可愛的小配件，例如：紅蘿蔔、小花朵、小帽子、小包包等，增加公仔的豐富度和可玩性。

包裝設計：

可愛風格：包裝設計要符合角色的可愛風格，顏色可以選擇粉嫩的馬卡龍色系，圖案可以印上角色的形象和相關元素。

透明櫥窗：部分包裝可以設計透明櫥窗，讓消費者可以直接看到公仔的樣子，增加購買慾望。

環保材質：盡可能使用環保材質，符合現代消費者的環保意識。

三、周邊產品設計：

周邊產品要圍繞角色的可愛俏皮形象，並考慮到不同年齡層消費者的需求和喜好。

文具系列：

筆記本、記事本：封面印上棉花糖兔的可愛圖案，內頁可以加入兔子的小插圖或可愛的邊框。

鉛筆、原子筆、中性筆：筆桿上印上棉花糖兔的圖案，筆帽可以設計成兔耳朵造型。

橡皮擦、尺子、文件夾：印上棉花糖兔的圖案，實用又可愛。

貼紙、膠帶、印章：棉花糖兔不同表情和造型的貼紙、膠帶和印章，可以裝飾手帳、禮物等。

生活用品系列：

手機殼、AirPods 保護套：印上棉花糖兔的可愛圖案，保護手機和耳機的同時增加可愛度。

水杯、保溫杯、餐具：印上棉花糖兔的圖案，讓喝水和吃飯也變得有趣。

購物袋、帆布包、零錢包：印上棉花糖兔的圖案，實用又時尚。

抱枕、靠墊、毯子：毛絨材質，印上棉花糖兔的圖案或設計成兔子造型，帶來溫暖和舒適。

拖鞋、眼罩、髮箍：棉花糖兔造型的居家用品，增加生活趣味。

鑰匙圈、吊飾：不同材質和造型的棉花糖兔鑰匙圈和吊飾，可以掛在包包、鑰匙上。

服飾配件系列：

T恤、衛衣、帽子、襪子：印上棉花糖兔的圖案或刺繡，可以設計親子款、情侶款。

髮飾、髮夾、髮圈：棉花糖兔造型的髮飾，可愛又實用。

飾品：項鍊、手鍊、耳環等，可以設計成兔子造型或搭配相關元素。

數位內容系列：

手機桌布、電腦桌布：免費提供棉花糖兔主題的桌布下載，增加粉絲黏著度。

表情包、貼圖：設計棉花糖兔的表情包和貼圖，在社交媒體和通訊軟體上使用，增加角色曝光率。

手機遊戲、APP：開發棉花糖兔主題的休閒小遊戲或 APP，增加互動性和娛樂性。

動畫短片、漫畫：製作棉花糖兔的動畫短片或漫畫，講述角色的故事，豐富角色形象。

食品系列（聯名合作）：

餅乾、糖果、巧克力：與食品品牌合作，推出棉花糖兔造型的餅乾、糖果、巧克力等零食，增加產品線的豐富度。

飲品、冰淇淋：與飲品或冰淇淋品牌合作，推出棉花糖兔主題的飲品或冰淇淋，增加產品的吸引力。

四、行銷計劃：

行銷計劃的重點是圍繞角色的「可愛」、「俏皮」、「療癒」等關鍵詞，針對目標受眾進行精準推廣，建立品牌知名度和粉絲群體。

目標受眾：

主要受眾：年輕女性、學生、兒童、喜歡可愛事物的群體。

次要受眾：情侶、親子家庭、喜歡收集公仔和周邊產品的群體。

行銷渠道：

社交媒體平台：

Instagram：以圖片和短影片為主，發布棉花糖兔的可愛照片、動畫短片、周邊產品展示、粉絲互動活動等，營造可愛療癒的氛圍。

Facebook：建立粉絲專頁，發布角色資訊、活動資訊、新品資訊、粉絲互動活動等，增加粉絲互動和社群凝聚力。

TikTok：製作棉花糖兔相關的短影片，例如：舞蹈挑戰、情景劇、可愛動畫等，利用短影片的病毒式傳播特性擴大影響力。

YouTube：發布棉花糖兔的動畫短片、幕後花絮、產品介紹影片等，建立角色 IP 形象。

微博 / 小紅書（中國市場）：針對中國市場，利用微博和小紅書等平台進行推廣，發布角色資訊、新品資訊、KOL 合作內容等。

電商平台：

官方網站 / 線上商店：建立官方網站或線上商店，展示和銷售棉花糖兔的公仔和周邊產品，提供便捷的購買渠道。

第三方電商平台（如：淘寶、天貓、京東、蝦皮等）：在主流電商平台開設官方店鋪，擴大銷售渠道，觸及更廣泛的消費者。

線下渠道：

快閃店 / 主題店：在商場、百貨公司等熱門地點開設快閃店或主題店，展示棉花糖兔的公仔和周邊產品，提供沉浸式的體驗空間，吸引消費者到店打卡和購買。

合作零售店：與書店、文具店、禮品店、玩具店等零售店合作，將棉花糖兔的周邊產品鋪貨到實體店鋪，擴大銷售網絡。

參加動漫展、玩具展、禮品展等展會：參加相關展會，展示棉花糖兔的形象和產品，接觸潛在客戶和合作夥伴。

合作夥伴：

KOL / 網紅合作：與可愛風格的 KOL / 網紅合作，進行產品開箱、使用分享、內容創作等，利用 KOL 的影響力進行推廣。

品牌聯名合作：與其他品牌進行聯名合作，例如：服裝品牌、美妝品牌、食品品牌等，推出聯名產品，擴大品牌影響力，觸及不同領域的消費者。

IP 授權合作：將棉花糖兔的 IP 授權給其他廠商，開發更多不同種類的周邊產品，擴大 IP 價值。

行銷活動：

新品發布活動：舉辦新品發布會或線上直播活動，介紹棉花糖兔的新公仔和周邊產品，吸引媒體和粉絲關注。

粉絲互動活動：舉辦線上或線下粉絲互動活動，例如：繪畫比賽、攝影比賽、故事創作比賽、見面會等，增加粉絲參與度和黏著度。

促銷活動：節假日或特殊節日推出促銷活動，例如：折扣、滿減、贈品等，刺激消費者購買慾望。

主題活動：根據節日或季節變化，推出棉花糖兔主題活動，例如：聖誕主題、新年主題、春季賞花主題等，增加新鮮感和話題性。

公益活動：參與公益活動，例如：捐贈物資給兒童福利機構、參與動物保護活動等，提升品牌形象和社會責任感。

五、行銷內容策略：

可愛風格視覺呈現：所有行銷素材都應以可愛風格為主，使用粉嫩的色彩、柔和的光線、可愛的字體，營造甜美夢幻的氛圍。

故事性內容創作：圍繞棉花糖兔的個性、喜好、生活場景等，創作故事性內容，例如：漫畫、動畫短片、情景短劇等，讓角色形象更加生動立體。

互動性內容設計：設計互動性內容，例如：投票、問答、抽獎、徵集等，鼓勵粉絲參與互動，增加粉絲黏著度和活躍度。

使用者生成內容（UGC）：鼓勵粉絲創作棉花糖兔相關的內容，例如：照片、繪畫、cosplay 等，並在官方平台展示，增加粉絲的歸屬感和參與感。

多語言內容（針對不同市場）：針對不同國家和地區的市場，製作多語言版本的行銷內容，例如：中文、英文、日文、韓文等，擴大品牌影響力。

總結：

透過以上設計的公仔、周邊產品以及行銷計劃，我們可以打造一個成功的白色捲毛兔子角色 IP。關鍵在於抓住「可愛」、「俏皮」、「療癒」的核心特點，並透過多元化的產品和行銷方式，觸及目標受眾，建立粉絲群體，最終實現商業價值和 IP 價值的雙贏。持續不斷地推出新的內容和產品，保持角色的新鮮感和活力，是長期經營 IP 的關鍵。

Gemini 做出了五大方向的行銷計劃建議。
首先針對角色設計做了具體說明。

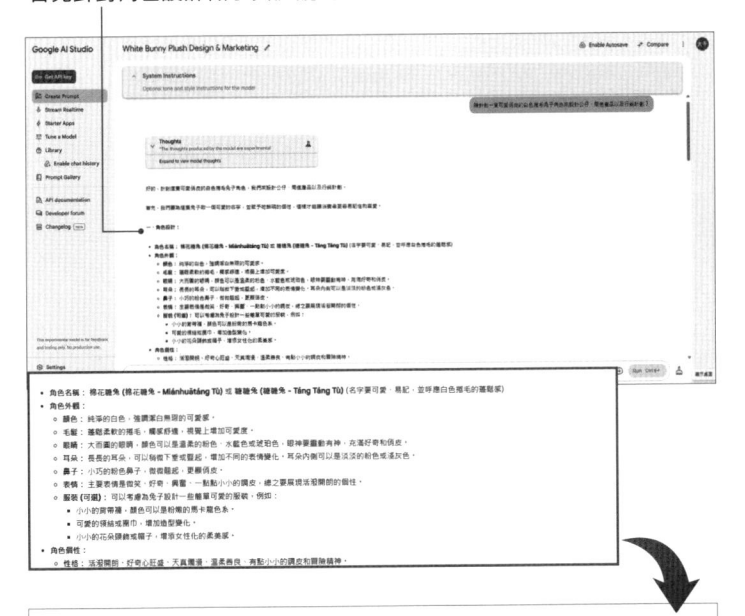

角色名稱：棉花糖兔（棉花糖兔 - Miánhuātáng Tù）或 糖糖兔（糖糖兔 - Táng Táng Tù）（名字要可愛、易記，並呼應白色捲毛的蓬鬆感）

- 角色外觀：
  - 顏色：純淨的白色，強調潔白無瑕的可愛感。
  - 毛髮：蓬鬆柔軟的捲毛，觸感舒適，視覺上增加可愛度。
  ……

▲ 圖 1-13-1

Gemini 的行銷計劃第二部分:公仔設計的具體建議
(包含種類、材質、包裝等細節說明)。

- 設計理念:最大程度還原角色的可愛俏皮感,強調捲毛的蓬鬆質感和靈動的眼神。
- 公仔種類:
  - Q 版公仔:頭大身體小的可愛比例,可以設計多種不同姿勢和表情,例如:坐姿、站姿、跳躍、揮手、抱著紅蘿蔔等。
  ……

▲ 圖 1-13-2

046 上班族必備的 AI 神器

Gemini 的行銷計劃第三部分：周邊產品設計的細項說明，包含了文具、生活用品、服飾配件、數位用品、食品等系列商品。

▲ 圖 1-13-3

周邊產品要圍繞角色的可愛俏皮形象，並考慮到不同年齡層消費者的需求和喜好。

文具系列：

- 筆記本、記事本：封面印上棉花糖兔的可愛圖案，內頁可以加入兔子的小插圖或可愛的邊框。
……

Gemini 的行銷計劃第四部分：行銷計劃，包含了目標受眾、行銷渠道、合作夥伴、行銷活動等面向的分項說明。

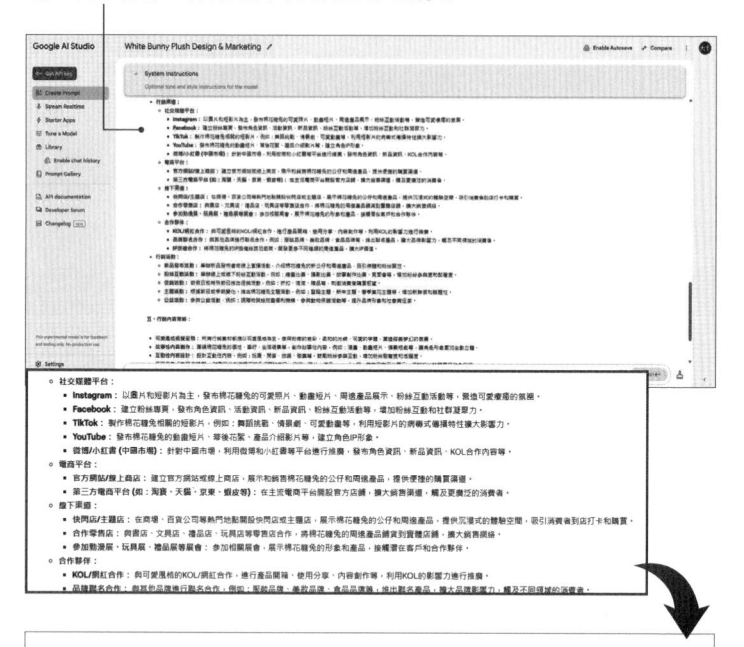

- 社交媒體平台：
    - Instagram：以圖片和短影片為主，發布棉花糖兔的可愛照片、動畫短片、周邊產品展示、粉絲互動活動等，營造可愛療癒的氛圍。
    - Facebook：建立粉絲專頁，發布角色資訊、活動資訊、新品資訊、粉絲互動活動等，增加粉絲互動和社群凝聚力。
    ......

▲ 圖 1-13-4

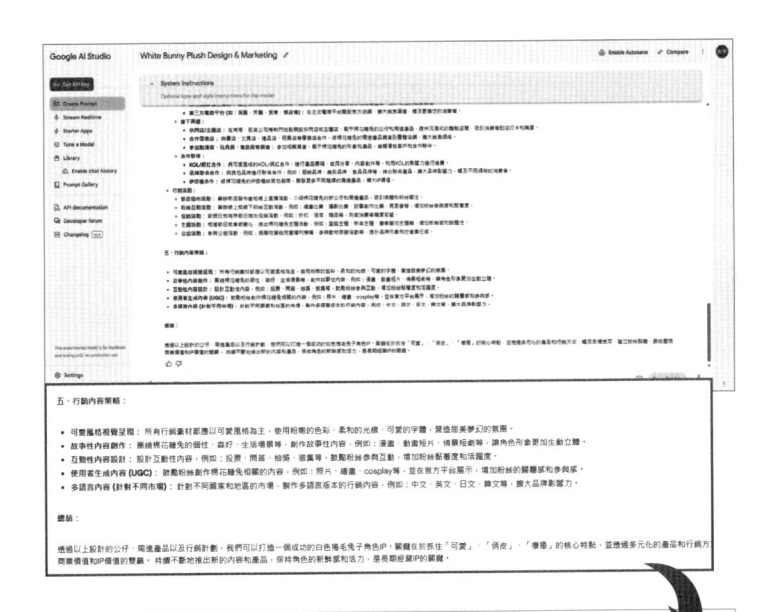

五、行銷內容策略

- **可愛風格視覺呈現**：所有行銷素材都應以可愛風格為主，使用粉嫩的色彩、柔和的光線、可愛的字體，營造甜美夢幻的氛圍。
- **故事性內容創作**：圍繞棉花糖兔的個性、喜好、生活場景等，創作故事性內容，例如：漫畫、動畫短片、情景短劇等，讓角色形象更加生動立體。
- **互動性內容設計**：設計互動性內容，例如：投票、問答、抽獎、徵集等，鼓勵粉絲參與互動，增加粉絲黏著度和活躍度。

……

▲ 圖 1-13-5

如果我們對這個角色只有一些初步的想法，但是希望能夠進一步的豐富內容，我們也可以請 Gemini 2.0 提供建議。

於是，我們接著提問：

> 請設計一隻可愛俏皮的白色捲毛兔子角色？

Gemini 2.0 只需要幾秒的時間，就可以提出下列非常詳盡，並且具有創意的想法：（圖 1-14）

> 好的，這是一隻可愛俏皮的白色捲毛兔子角色設計，我將從外觀、性格和一些細節來描述牠：
>
> 角色名稱：可以取一個可愛的名字，例如：棉花糖（Miánhuā táng）、雪球（Xuě qiú）、蓬蓬（Péngpéng）、捲捲（Juǎnjuǎn）等，這裡我們暫且稱牠為 蓬蓬（Péngpéng）。
>
> 外觀特徵：
>
> 毛色：純淨的雪白色，像剛落下的新雪一樣潔白無瑕。這種白色能凸顯牠的可愛和純真感。

毛髮：最重要的特徵是 柔軟蓬鬆的捲毛！想像泰迪熊那樣的捲毛，但更細膩、更輕盈。捲毛讓她看起來像一團可愛的雲朵，也增加了俏皮感和觸感上的誘人。

眼睛：大而圓潤的眼睛，顏色可以是亮紅色寶石般的紅寶石色，或是清澈的湖水綠色。 眼睛要水汪汪的，充滿好奇和活力，眼珠子可以稍微放大一點，更顯得無辜可愛。

鼻子：粉嫩的小鼻子，呈現可愛的三角形或心形，鼻頭微微濕潤，可以輕微顫動，增加生動感。

耳朵：長長的耳朵，但因為是捲毛，所以耳朵上的毛髮也是捲曲的，看起來像兩條柔軟的捲毛條。耳朵可以稍微向下垂，但耳尖可以微微翹起，增加俏皮感。耳朵內側可以是粉紅色，增加色彩層次。

身體：圓滾滾的身體，沒有明顯的腰線，整體呈現柔軟可愛的球狀。四肢短短的，但很靈活，跑跳時會顯得非常活潑。

尾巴：一個圓圓的、毛茸茸的短尾巴，像一個白色的小毛球，可以隨著牠的心情和動作微微晃動，非常可愛。

表情：表情豐富，可以有 微笑、驚訝、好奇、得意等多種表情。重點是透過眼睛和嘴巴的變化來表現情緒。嘴巴可以微

微上翹，呈現天真無邪的笑容。

性格特徵：

活潑好動：蓬蓬是一隻精力充沛的兔子，喜歡跑跑跳跳，探索周圍的世界。牠總是充滿活力，一刻也停不下來。

好奇心旺盛：對任何事物都充滿好奇，喜歡東張西望，用牠的大眼睛觀察周圍的一切。遇到新奇的事物會湊上前去聞一聞、碰一碰。

天真爛漫：性格單純善良，沒有心機，總是樂觀開朗。牠的笑容充滿感染力，能讓人感到快樂。

俏皮淘氣：偶爾會有一些小小的惡作劇，例如偷偷啃咬主人的鞋帶，或者在花園裡挖洞。但牠的淘氣是無傷大雅的，反而更顯得可愛。

溫柔親人：雖然活潑好動，但蓬蓬也很溫柔親人，喜歡被撫摸，也喜歡和人玩耍。牠會用柔軟的身體蹭蹭你的腿，表達牠的親近和喜愛。

細節設計：

肢體語言:

跳躍:蓬蓬跳躍的時候,捲毛會隨之彈動,非常生動有趣。

豎起耳朵:當牠感到好奇或警覺時,會豎起耳朵,但因為是捲毛,所以豎起來的耳朵也帶有捲曲的弧度。

輕輕歪頭:思考或好奇時,會可愛地歪著頭,眼神充滿疑問。

用鼻子蹭人:表達友好和撒嬌的方式。

配件(可選):

可以考慮給牠加上一個小小的粉色或淡藍色的蝴蝶結,繫在耳朵上或脖子上,增加一點點裝飾,但要保持簡潔可愛的風格。或者可以讓牠抱著一個小小的胡蘿蔔玩偶,增加趣味性。

整體風格:

這隻白色捲毛兔子角色,整體風格是 可愛、俏皮、治癒的。牠像一個 柔軟的小毛球,充滿活力和好奇心,能夠帶給人們快樂和溫暖。牠的設計重點在於捲毛的質感和生動的表情,以及活潑好動的性格,共同塑造出一個令人喜愛的兔子角色。

> 總結：
>
> 蓬蓬是一隻擁有雪白捲毛、圓潤大眼、粉嫩小鼻子、活潑好動、天真爛漫的可愛兔子角色。牠的設計旨在突出柔軟、蓬鬆、俏皮的特點，讓人一眼就能感受到牠的可愛和活力。希望這個設計能符合您的需求！您覺得怎麼樣呢？還有什麼地方需要調整或補充嗎？

很快的，一隻可愛俏皮的白色捲毛兔子就被設計出來，牠有一個非常可愛的名字叫做蓬蓬，並且被賦予了完整的風格和個性。

我們只要輸入很粗淺的一些想法，Gemini 就可以為我們做出如此豐富而且詳細的規劃，這是否就像是你隨時擁有一個 AI 企劃小組在你身邊待命，可以即時為你提供各種議題的企劃創意。別忘了，這一切都是 Gemini 在短短 10 秒鐘以內所完成的工作。倘若這項工作是交付給由真人所組成的企劃團隊，恐怕需要耗費至少一個星期的腦力激盪才能夠完成任務。

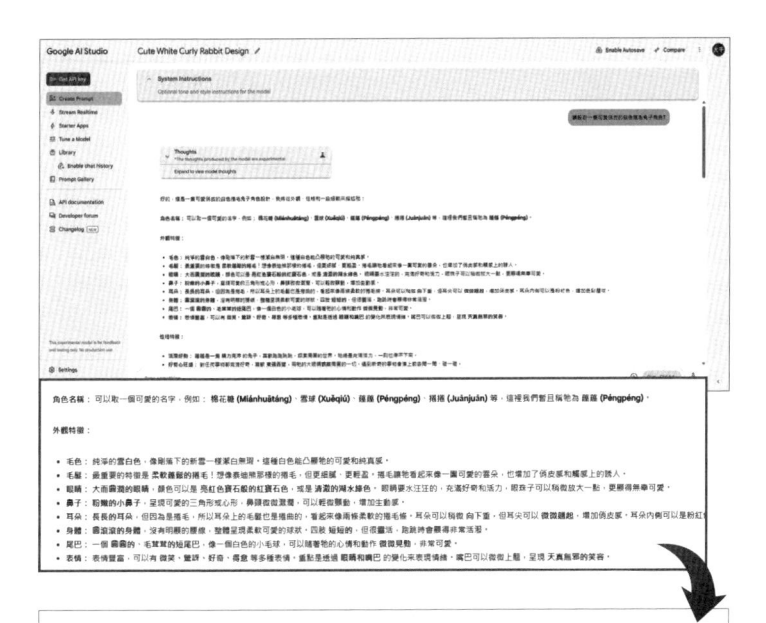

Chapter 01 Gemini 2.0

角色名稱：可以取一個可愛的名字，例如：棉花糖（Miánhuātáng）、雪球（Xuěqiú）、蓬蓬（Péngpéng）、捲捲（Juǎnjuǎn）等，這裡我們暫且稱牠為 蓬蓬（Péngpéng）。

外觀特徵：

- 毛色：純淨的雪白色，像剛落下的新雪一樣潔白無瑕。這種白色能凸顯牠的可愛和純真感。
- 眼睛：大而圓潤的眼睛，顏色可以是亮紅色寶石般的紅寶石色，或是清澈的湖水綠色。 眼睛要水汪汪的，充滿好奇和活......

▲ 圖 1-14-1

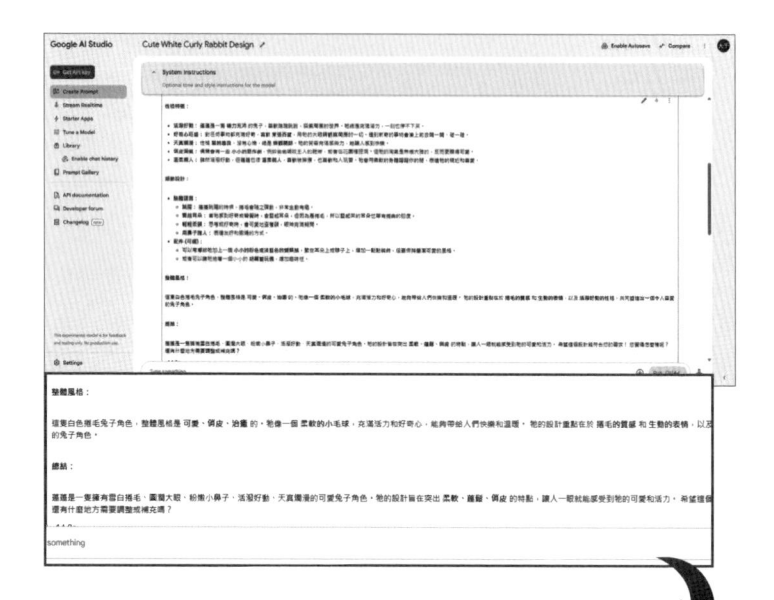

整體風格：

這隻白色捲毛兔子角色，整體風格是可愛、俏皮、治癒的。牠像一個柔軟的小毛球，充滿活力和好奇心，能夠帶給人們快樂和溫暖。牠的設計重點在於捲毛的質感和生動的表情，以及活潑好動的性格，共同塑造出一個令人喜愛的兔子角色。
······

▲ 圖 1-14-2

範例六：圖片生成

Gemini 2.0 也可以依照我們的提示詞生成圖片。我們可以請 Gemini 2.0 幫我們將範例五設計的那一隻可愛俏皮的白色捲毛兔子生成出來，只需要輸入下列的提示詞以及先前設定的角色特徵：

> 請幫我生成一隻可愛俏皮的白色捲毛兔子，特徵如下：
>
> 角色外觀：
> 顏色：純淨的白色，強調潔白無瑕的可愛感。
> 毛髮：蓬鬆柔軟的捲毛，觸感舒適，視覺上增加可愛度。
> 眼睛：大而圓的眼睛，顏色可以是溫柔的粉色、水藍色或琥珀色，眼神要靈動有神，充滿好奇和俏皮。
> 耳朵：長長的耳朵，可以稍微下垂或豎起，增加不同的表情變化。耳朵內側可以是淡淡的粉色或淺灰色。
> 鼻子：小巧的粉色鼻子，微微翹起，更顯俏皮。
> 表情：主要表情是微笑、好奇、興奮、一點點小小的調皮，總之要展現活潑開朗的個性。
> 服裝（可選）：可以考慮為兔子設計一些簡單可愛的服裝，例如：小小的背帶褲，顏色可以是粉嫩的馬卡龍色系。可愛的領結或圍巾，增加造型變化。小小的花朵頭飾或帽子，增添女性化的柔美感。

只需幾秒鐘的時間，我們就可以得到生成的結果，如圖 1-15。

▲ 圖 1-15

再舉一個例子，如果我輸入下列的提示詞：

> 請幫我生成一張可愛俏皮的馬爾濟斯犬的圖片，牠有圓圓的眼睛，白色的毛髮，頭上戴著一頂棒球帽。

很快的，我們就可以看到輸出的圖像，如圖 1-16。

▲ 圖 1-16

範例七：連續改圖

有時候，我們希望生成一張圖片，但在圖片生成後，才想到要添加或移除一些物品。Gemini 2.0 讓我們無需重新輸入完整指令，而是可以直接在原圖的基礎上進行微調。

舉個例子，我們輸入指令：

> 請幫我生成一張一籃蘋果的照片

Gemini 2.0 生成了圖 1-17。

由於我們只是簡單地要求 Gemini 為我們生成一張一籃子蘋果的相片，並沒有做出其他細部的要求，所以 Gemini 很直接的就生成了這樣一張圖片。當然，如果我們輸入的指令內容描述得更為詳細，包含蘋果的色澤、籃子的形狀、擺放的位置，以及背景的細節，那麼 Gemini 自然可以為我們生成一張更符合我們需求的客製化圖片。

Chapter 01　Gemini 2.0

▲ 圖 1-17

如果我們想在籃子上加上一個蝴蝶結,只需輸入:

> 感謝!籃子上可以綁一個蝴蝶結嗎?

於是,Gemini 2.0 很快就生成了一張籃子裡裝著蘋果,並綁上蝴蝶結的圖片,如圖 1-18。

▲ 圖 1-18

但我們覺得桌面太單調,於是可以請 Gemini 2.0 再加上一杯柳橙汁:

> 可以在桌上放一杯柳橙汁嗎?

接著,我們得到圖 1-19。

在這個過程中,我們可以直接與 Gemini 2.0 對話來進行微調,而無需每次都重新輸入完整的指令。不過,由於我們沒有特別強調要維持籃子裡的蘋果完全不變,因此,每次微調時,圖片可能會有些許不同。

這也是許多「文生圖像」(Text to Image)模型所面臨到的瓶頸,也就是圖片在修改過程中要如何維持既有內容的一致性。有時候當 AI 生成模型為我們生成了一張圖片,可是我們針對圖片內的部分細節要進行修改,就好像在這個範例中,我們希望加上一個蝴蝶結,然後再加上一杯柳橙汁。但是 AI 模型在修改圖片的同時,事實上是另外生成了一張新的圖片,圖片中原本我們希望保留的內容自然都會發生變動。所以,我們可以看到在上面的三張圖片裡,雖然都是一籃子蘋果,但是每一個籃子都不一樣,蝴蝶結綁的位置亦不一樣,蘋果的數量也不相同。

不過截至目前為止,已經有許多「文生圖像」(Text to Image)和「文生視頻」(Text to Video)的 AI 模型已經可以克服「一致性」的問題。只不過,Gemini 因為是一個通用型的大語言模型,目前看起來在解決一致性問題上還可以有更大的改善空間。

▲ 圖 1-19

當然，Gemini 2.0 的功能不僅限於此，它還能處理許多複雜的任務，例如編寫程式、數學解題和邏輯推理。不過，這些功能在日常辦公環境中可能比較少被使用，因此更適合讓使用者自行探索與學習。

值得一提的是，Google 在 2025 年 3 月宣布，Gemini 即將推出兩項全新功能：螢幕閱讀與即時影像解讀。螢幕閱讀功能讓 Gemini 能夠存取並理解使用者正在閱讀的螢幕內容，進而提供即時意見與協助。換句話說，你可以一邊閱讀資料，一邊與 Gemini 討論。至於即時影像解讀，則代表 Gemini 能夠「看見」周遭環境，等同於擁有視覺能力的 AI 助理。

不僅如此，Google 在 2025 年 3 月 25 日又推出了 Gemini 2.5 Pro Experimental，這一款 AI 模型可以應用於編碼、數學、邏輯等相對複雜的任務。

Google 在推動 Gemini 的迭代更新上始終不遺餘力，與 Microsoft 旗下的 OpenAI 一同扮演著大型語言模型開發的領頭羊角色。由於雙方競爭激烈，每當 OpenAI 有突破性的進展，Google 往往也會迅速推出新版 Gemini，以展現技術實力。

憑藉其多領域的強大功能，Gemini 可說是目前地表最強的三個大語言模型之一。對上班族而言，更是一位難得的頂尖數位助理。

02

DeepSeek

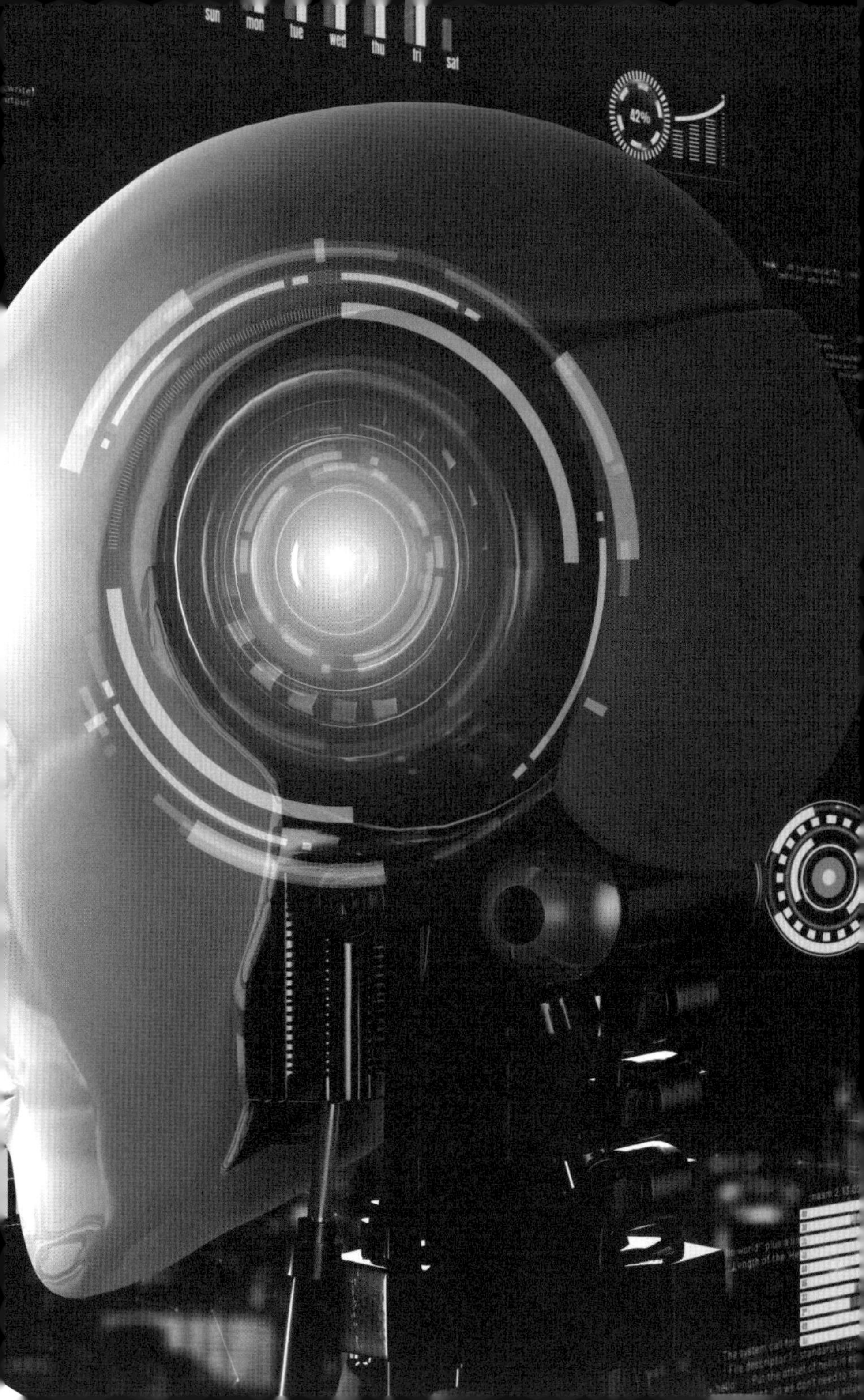
sun
mon
tue
wed
thu
fri
sat
42%

2024年12月26日,就在聖誕節翌日,AI圈迎來了一個石破天驚的新聞。一家設立於中國杭州、過去並沒有得到太多外界關注的AI公司「深度求索」(DeepSeek),發佈了一個超越全球各個知名AI大模型的產品:DeepSeek-V3。這一家公司是由中國的對沖基金「幻方量化」(High Flyer)所創立。緊接著,DeepSeek在2025年1月20日又推出了一個具備「慢思考」能力的大模型DeepSeek-R1,可以適用於數學解題、程式編碼和邏輯推理等任務。

DeepSeek-V3的橫空出世,打破了過去在AI領域由美國一家獨大的局面,DeepSeek-V3的基準測試結果超越了許多業界領先的知名AI模型,包括Meta的Llama 3.1、OpenAI的GPT-4o,以及Anthropic的Claude Sonnet 3.5。而DeepSeek-R1亦是足以和OpenAI的o1大模型對標,一較高下。DeepSeek的一戰成名,彎道超車,讓中國能夠和美國在AI發展分庭抗禮。

DeepSeek的一鳴驚人同時也顛覆了AI領域長久以來奉為圭臬的「規模法則」(Scaling Law),也就是俗稱的「大力出奇蹟」。在過去幾年間,AI業界一直篤信在發展AI模型時,模型參數愈高愈好,訓練數據愈多愈好,電力算力愈大愈好。然而,DeepSeek在發表DeepSeek-V3時,也同時揭露在訓練開發該模型時,不但訓練支出僅僅不到600萬美元,可能不及OpenAI訓練GPT的二十分之一;更厲害的是,DeepSeek只是使用了2048片輝達(Nvidia)相對低

階的 H800 GPU 晶片，該款晶片是美國為了限制中國 AI 發展，要求輝達為中國量身訂做的，比起市場上美國各大 AI 巨頭搶購的 H100 和 GB200，差了兩個檔次。這個訊息，使輝達（Nvidia）的股價在隨後幾個交易日下跌 17%，市值蒸發了 6000 億美元。中國科技界人士表示，面對美國的硬體封鎖，只能以軟體突圍。

原本許多西方人士，因為吃不到葡萄說葡萄酸，不斷對 DeepSeek 冷嘲熱諷，表示 DeepSeek 是以蒸餾的方式抄襲 ChatGPT。不過，當 DeepSeek 正式將這幾個模型免費開源，對外公開模型原始碼之後，這些質疑聲音隨即減少，許多專家開始認可 DeepSeek 的技術突破。

因為，DeepSeek 的確在演算法上做出了突破。DeepSeek 的開源政策讓全球 AI 開發人員都能了解並且使用它的技術，翻轉了許多弱勢國家因為資源不足，而在發展 AI 科技時所面臨的困境。也正因為如此，在很短的時間內，DeepSeek 便成為在各大下載平台上，下載數量最高的 AI 模型。

現在使用者可以在 DeepSeek 的官方網站（https://www.deepseek.com）和 App 使用官方提供的各項服務。

手機的下載步驟如下：

一、點擊進入 Apple App Store 或 Google Play 商店搜尋並下載 DeepSeek App。

二、使用個人電子郵件信箱、Google 帳號、Apple 帳號或是中國大陸的手機號碼，註冊 DeepSeek 帳戶。

三、可以開始使用 DeepSeek-V3。點擊對話框下方「深度思考（R1）」的選項，可以選擇使用具有慢思考能力的 DeepSeek-R1 模型。

電腦的使用步驟如下：

一、訪問 DeepSeek 的官網，並點擊「開始對話」。然後開始註冊程序，先輸入電子信箱、Google 帳號或是在中國大陸的手機號碼作為用戶名稱，接著設定密碼和輸入驗證碼，即可完成註冊。

二、以後再訪問 DeepSeek 網頁時，只需要輸入用戶名稱和密碼，即可開始使用。

應用範例

範例一：資訊查詢

相較於 Gemini 2.0，DeepSeek 由於在訓練時接受到充分的中文資料集，因此，在處理中文的能力更勝一籌，而在回答與華人世界相關的問題時，也自然更為正確。

舉個例子，假如我要為家中 18 歲的兒子評估是否要去中國大陸就讀大學，我便可以在手機畫面的對話框中輸入下列問題：

> 如果我家裡有一位 18 歲的孩子，希望到中國大陸就讀大學，他的興趣是視覺特效，請問你有什麼樣的建議？

DeepSeek 很快地就會做出回答。除了建議可以就讀的學校之外，同時也提供了非常豐富的資訊，包含了申請入學時的要求標準、就業和實習的狀況、學費及生活支出，以及文化適應的問題。（圖 2-1）

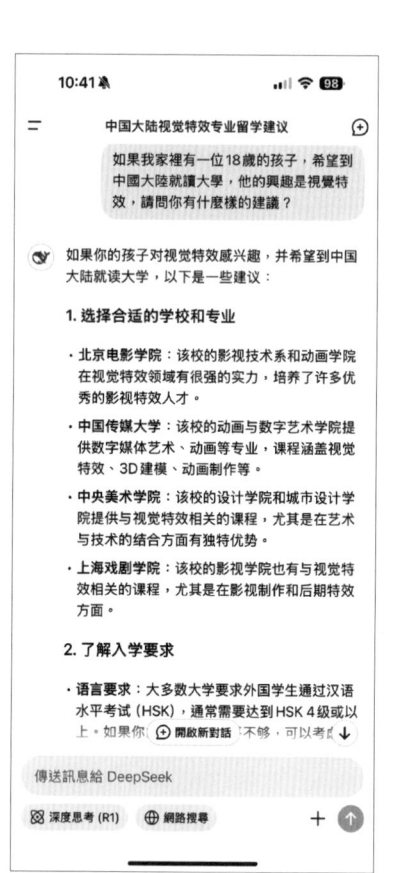

▲ 圖 2-1-1

▲ 圖 2-1-2

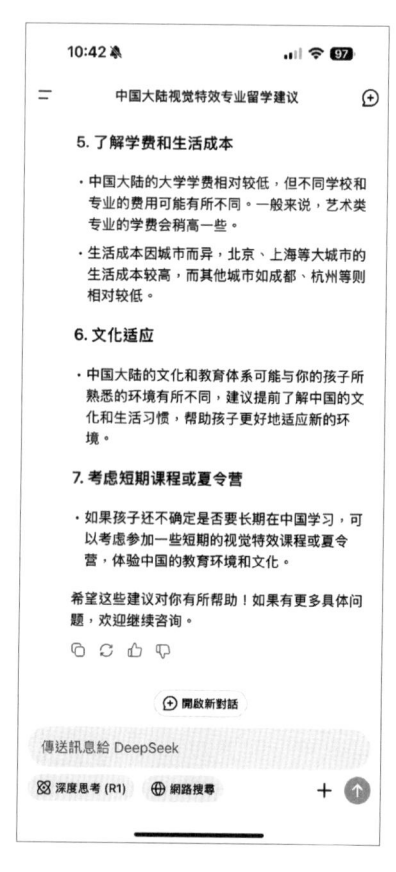

▲ 圖 2-1-3

　　不過值得我們特別注意的是，由於大語言模型受限於訓練資料，以及無法取得動態同步的資訊，因此在查詢資訊時，極有可能因為無法取得正確資訊，而急救章式的胡亂回答，這就是所謂的「大模型幻覺」。不論是 ChatGPT、Gemini 或是

DeepSeek 都有可能出現這樣的狀況。因此，在我們提出資訊查詢的要求時，我們必須對大模型所輸出的回應進行進一步的查核，否則極有可能受到誤導。下一個範例就是明顯的例子。

範例二：規劃行程

上班族常常會遇到需要規劃自己或是主管的出差行程。過去這樣的工作可能都要透過旅行社或是自行上網來搜尋相關交通資訊，但是現在我們可以嘗試請 DeepSeek 來為我們完成。

舉個例子，假如我們有一個出差行程，要去杭州拜訪 DeepSeek 總公司，在 2025 年 4 月 9 日出發，並且於 4 月 12 日返回台灣。我們可以下達下列指令，請 DeepSeek 為我們規劃：

> 我有一個從台北出發去杭州的出差行程，出發時間是 2025 年 4 月 9 日，返回時間是 4 月 12 日。麻煩你幫我規劃一下交通行程。我要搭乘商務艙，並且希望用於交通的時間是最短的。

DeepSeek 也立即做出回應，在輸出的文本內容中建議我要搭乘華航或是長榮早班的班機，飛往杭州的蕭山機場，但是經過我確認後，華航和長榮目前並沒有這樣的航班，也許這是在疫情前的飛航資料，因為後來兩岸關閉了許多航點；

或是因爲 DeepSeek 無法連接上最新的飛航資料庫，而自己編造出來的結果，如圖 2-2。要改善這樣的狀況，手機使用者可以點選介面下方的「網路搜尋」，該功能已經開始初步布署，不過受限於網路搜尋的障礙，目前仍然無法提供完全正確的答案。

AI 自己編造的結果，實際上並沒有這樣的航班。

手機使用者可以點選介面下方的「網路搜尋」，該功能已經開始初步布署，不過受限於網路搜尋的障礙，目前仍然無法提供完全正確的答案。

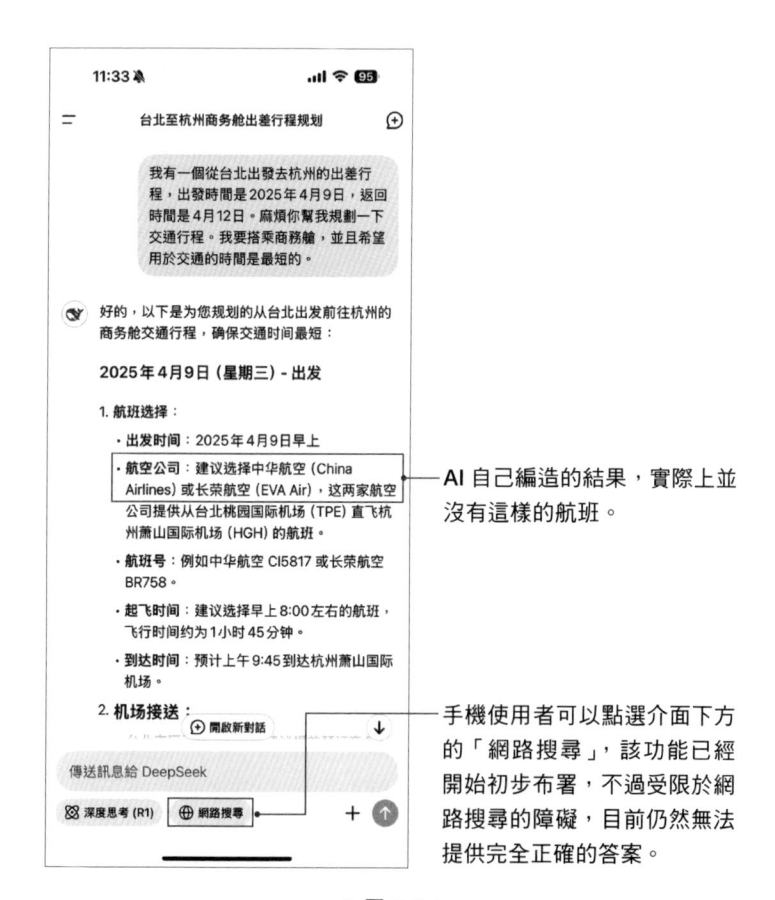

▲ 圖 2-2-1

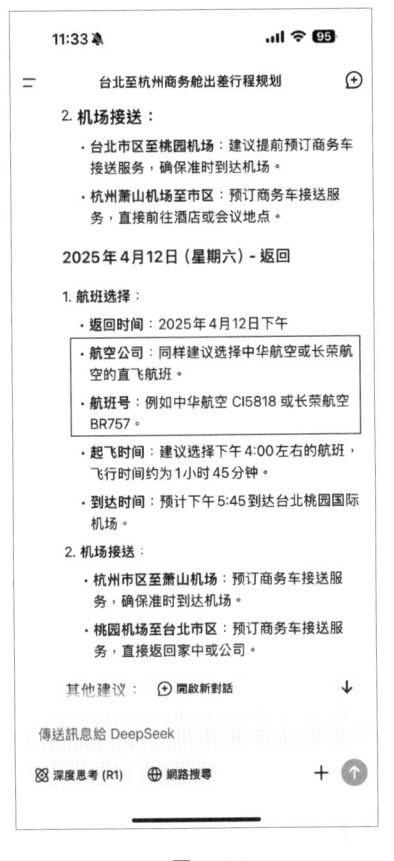

▲ 圖 2-2-2

▲ 圖 2-2-3

範例三：摘要重點

我們常常在工作中會需要閱讀大量的資料，過去只能夠用螢光筆劃線，或是寫在筆記本上來記錄重點，但是現在，我們可以藉由 DeepSeek 來幫我們完成這項工作。

現在，我想請電腦版本的 DeepSeek 把我在去年所出版的一本 AI 書籍《AI 人工智慧最新浪潮 - 停不下來的列車》中第 18 章的內容，做出重點摘要。於是，我在對話框中輸入：

> 請幫我把下面這一段內容做出重點摘要。

接著輸入第 18 章的內容。只需要不到 10 秒的時間，DeepSeek 就為我做出下列的重點摘要，如圖 2-3。

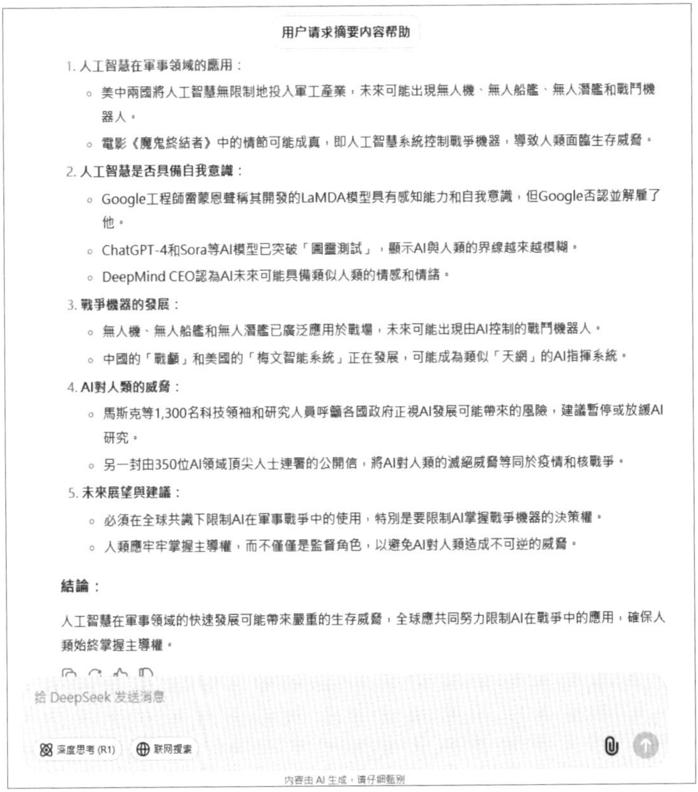

```
用戶請求摘要內容幫助

1. 人工智慧在軍事領域的應用：
   ○ 美中兩國將人工智慧無限制地投入軍工產業，未來可能出現無人機、無人船艦、無人潛艦和戰鬥機器人。
   ○ 電影《魔鬼終結者》中的情節可能成真，即人工智慧系統控制戰爭機器，導致人類面臨生存威脅。
2. 人工智慧是否具備自我意識：
   ○ Google工程師雷蒙恩聲稱其開發的LaMDA模型具有感知能力和自我意識，但Google否認並解雇了他。
   ○ ChatGPT-4和Sora等AI模型已突破「圖靈測試」，顯示AI與人類的界線越來越模糊。
   ○ DeepMind CEO認為AI未來可能具備類似人類的情感和情緒。
3. 戰爭機器的發展：
   ○ 無人機、無人船艦和無人潛艦已廣泛應用於戰場，未來可能出現由AI控制的戰鬥機器人。
   ○ 中國的「戰麟」和美國的「梅文智能系統」正在發展，可能成為類似「天網」的AI指揮系統。
4. AI對人類的威脅：
   ○ 馬斯克等1,300名科技領袖和研究人員呼籲各國政府正視AI發展可能帶來的風險，建議暫停或放緩AI研究。
   ○ 另一封由350位AI領域頂尖人士連署的公開信，將AI對人類的滅絕威脅等同於疫情和核戰爭。
5. 未來展望與建議：
   ○ 必須在全球共識下限制AI在軍事戰爭中的使用，特別是要限制AI掌握戰爭機器的決策權。
   ○ 人類應牢牢掌握主導權，而不僅僅是監督角色，以避免AI對人類造成不可逆的威脅。

結論：
人工智慧在軍事領域的快速發展可能帶來嚴重的生存威脅，全球應共同努力限制AI在戰爭中的應用，確保人類始終掌握主導權。
```

▲ 圖 2-3

範例四：提供意見

有的時候我們需要完成一份報告、製作一份簡報，或是編寫一本書籍，我們會擔心思慮不夠周全，是否會有所遺漏。這個時候 DeepSeek 就可以扮演一個很好的意見提供者的角色。

記得有一次我受邀去做一個演講，演講的題目是希望談一下 AI 人工智慧和素食的關係，這實在是難倒我了，因為擔心我的準備可能不夠全面，所以我就請教 AI，果然，大語言模型並沒有讓我失望，它立刻提出了很多具有創意的意見，把我原本的講稿做了非常有建設性的補充。

我們可以用同樣的問題來請教 DeepSeek：

> 請問 AI 人工智慧和素食有什麼關係？

於是，DeepSeek 很快的就做出了回應，如圖 2-4。

事實上，DeepSeek 在這個議題上所提供的思考角度，有許多是我過去從未想到、甚至難以觸及的。因此，像 DeepSeek 這樣的大語言模型，確實可以扮演一位稱職的幕僚角色。與其絞盡腦汁思考，不妨先聽聽它的意見。

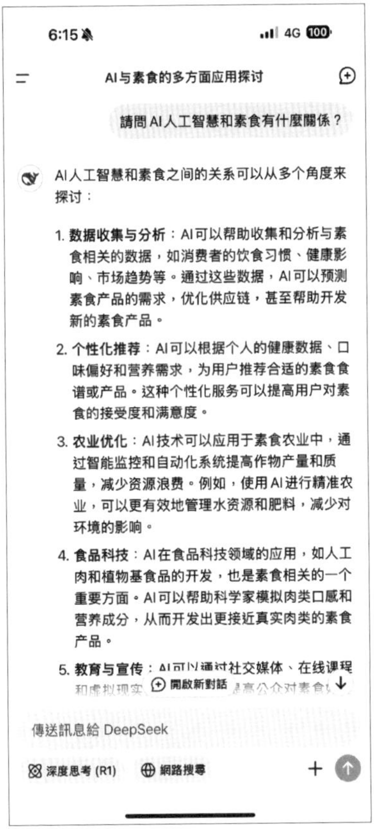
6:15
4G 100
AI与素食的多方面应用探讨
請問AI人工智慧和素食有什麼關係？
AI人工智慧和素食之间的关系可以从多个角度来探讨：
1. 数据收集与分析：AI可以帮助收集和分析与素食相关的数据，如消费者的饮食习惯、健康影响、市场趋势等。通过这些数据，AI可以预测素食产品的需求，优化供应链，甚至帮助开发新的素食产品。
2. 个性化推荐：AI可以根据个人的健康数据、口味偏好和营养需求，为用户推荐合适的素食食谱或产品。这种个性化服务可以提高用户对素食的接受度和满意度。
3. 农业优化：AI技术可以应用于素食农业中，通过智能监控和自动化系统提高作物产量和质量，减少资源浪费。例如，使用AI进行精准农业，可以更有效地管理水资源和肥料，减少对环境的影响。
4. 食品科技：AI在食品科技领域的应用，如人工肉和植物基食品的开发，也是素食相关的一个重要方面。AI可以帮助科学家模拟肉类口感和营养成分，从而开发出更接近真实肉类的素食产品。
5. 教育与宣传：
開啟新對話
傳送訊息給 DeepSeek
深度思考 (R1)
網路搜尋

▲ 圖 2-4-1

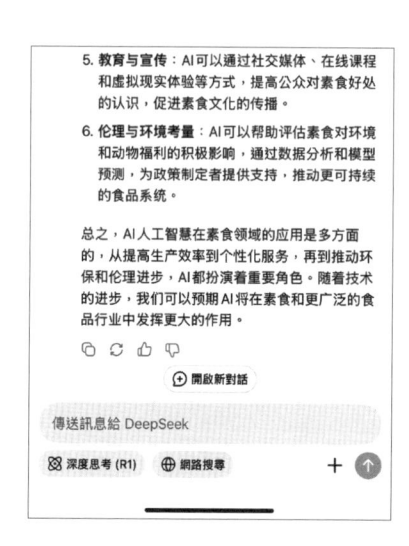

▲ 圖 2-4-2

範例五：外文寫作

假設我將以電影視覺特效公司數字王國執行董事的身分參加 2025 年舉辦的東京影展開幕活動，並且上台致詞，數字王國參展的影片是《美國隊長：無畏新世界》。我想請 DeepSeek 為我生成一篇日文的致詞稿，我只需要輸入：

> 請以電影視覺特效公司數字王國執行董事的身分，用日文寫一篇參加 2025 年東京影展開幕式的致詞稿。數字王國參展的影片為《美國隊長：無畏新世界》。

DeepSeek 立即就可以生成出一篇相當精彩的日文致詞稿，如圖 2-5。除了一些小細節可以進一步的調整，這一篇致詞稿整體來說具備 90 分以上的水準。

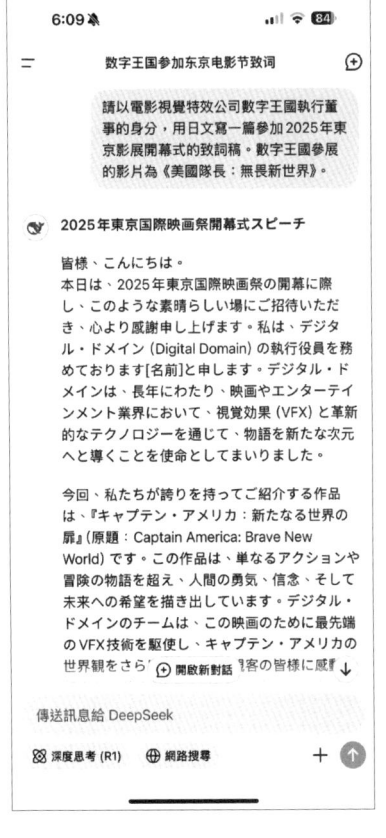

▲ 圖 2-5-1

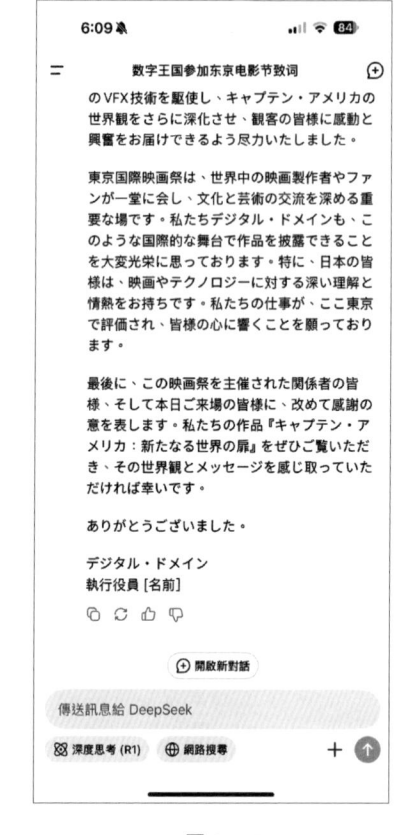

▲ 圖 2-5-2

範例六：企劃任務

我想請 DeepSeek 幫我就現在正在撰寫的這本新書提供一些企劃建議，包含：書名、內容與發行。我可以輸入下列指令：

> 如果我要寫一本新書，教辦公室的上班族如何使用 AI 應用程式來提升他們的工作效率。你可以給我一些規劃建議嗎？

DeepSeek 迅速提供了一系列具體且實用的建議，涵蓋書名、內容規劃及市場推廣策略。讓我在撰寫、編輯、出版和推廣這本新書的時候，都可以作為參考。（圖 2-6）

當然，DeepSeek 的建議我們未必要照單全收，但對於一位正準備撰寫新書的作者而言，DeepSeek 確實能提供來自不同角度的見解與啟發。在仔細閱讀其相關建議後，或許我們會發現，其中有許多觀點正是我們先前未曾思考或一時忽略的。

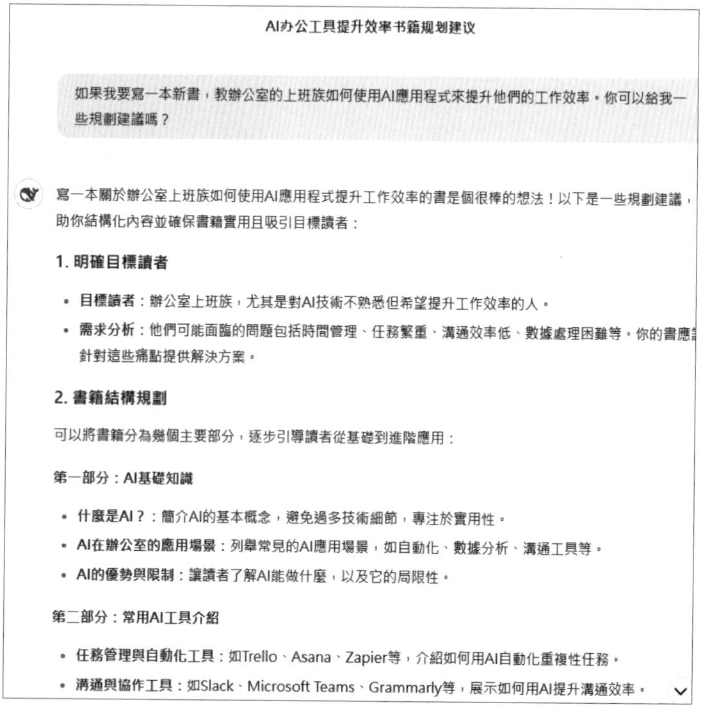

> AI辦公工具提升效率书籍规划建议

> 如果我要寫一本新書，教辦公室的上班族如何使用AI應用程式來提升他們的工作效率。你可以給我一些規劃建議嗎？

寫一本關於辦公室上班族如何使用AI應用程式提升工作效率的書是個很棒的想法！以下是一些規劃建議，助你結構化內容並確保書籍實用且吸引目標讀者：

1. 明確目標讀者

- **目標讀者**：辦公室上班族，尤其是對AI技術不熟悉但希望提升工作效率的人。
- **需求分析**：他們可能面臨的問題包括時間管理、任務繁重、溝通效率低、數據處理困難等，你的書應針對這些痛點提供解決方案。

2. 書籍結構規劃

可以將書籍分為幾個主要部分，逐步引導讀者從基礎到進階應用：

第一部分：AI基礎知識

- **什麼是AI？**：簡介AI的基本概念，避免過多技術細節，專注於實用性。
- **AI在辦公室的應用場景**：列舉常見的AI應用場景，如自動化、數據分析、溝通工具等。
- **AI的優勢與限制**：讓讀者了解AI能做什麼，以及它的局限性。

第二部分：常用AI工具介紹

- **任務管理與自動化工具**：如Trello、Asana、Zapier等，介紹如何用AI自動化重複性任務。
- **溝通與協作工具**：如Slack、Microsoft Teams、Grammarly等，展示如何用AI提升溝通效率。

▲ 圖 2-6-1

> **AI辦公工具提升效率书籍规划建议**
>
> ~~溝通與協作工具：如Slack、Microsoft Teams、Grammarly等，展示如何用AI提升溝通效率。~~
> - **數據分析與報告工具**：如Tableau、Power BI、Google Sheets的AI功能，幫助讀者快速分析數據。
> - **時間管理與個人助理工具**：如RescueTime、Clockify、AI虛擬助理（如Siri、Google Assistant）等，幫助讀者更好地管理時間。
>
> 第三部分：如何選擇適合的AI工具
>
> - **根據需求選擇工具**：提供一個框架，幫助讀者根據自己的工作需求選擇合適的AI工具。
> - **工具整合**：介紹如何將不同的AI工具整合到工作流程中，提升整體效率。
>
> 第四部分：實際應用案例
>
> - **案例研究**：提供多個實際案例，展示不同行業的上班族如何利用AI工具提升效率。
> - **分步驟指南**：針對每個案例，提供詳細的操作步驟，讀者可以跟著做。
>
> 第五部分：未來趨勢與持續學習
>
> - **AI的未來發展**：簡介AI在辦公室應用的未來趨勢，如生成式AI、自然語言處理等。
> - **如何持續學習與適應新技術**：提供資源和建議，幫助讀者持續學習並適應新的AI工具。
>
> 3. 寫作風格與技巧
>
> - **簡潔易懂**：避免過多技術術語，用通俗易懂的語言解釋概念。
> - **實用性強**：每個章節都應提供具體的操作步驟和實用技巧，讓讀者可以立即應用。
> - **互動性**：可以加入一些小練習或挑戰，鼓勵讀者動手嘗試。
> - **視覺化**：使用圖表、流程圖、截圖等視覺元素，幫助讀者更好地理解內容。
>
> 4. 市場定位與推廣
>
> - **書名與副標題**：書名應直接吸引目標讀者，例如《AI辦公革命：用智能工具提升工作效率》。

▲ 圖 2-6-2

> **AI办公工具提升效率书籍规划建议**
>
> - 書名與副標題：書名應直接反映引目標讀者，例如《AI辦公革命：用智能工具提升工作效率》。
> - 推廣策略：可以通過社交媒體、職場社群、線上課程等方式推廣書籍，並考慮與AI工具公司合作，提供免費試用或折扣碼。
>
> **5. 附加資源**
>
> - 線上資源：提供一個配套網站或資源頁面，讀者可以下載模板、工具列表、操作指南等。
> - 社群互動：建立一個讀者社群（如Facebook群組或Slack頻道），讓讀者可以分享經驗、提問和交流。
>
> **6. 持續更新**
>
> - AI技術變化快：考慮定期更新書籍內容，或提供線上更新資源，確保讀者能獲得最新的工具和技術資訊。
>
> **7. 測試與反饋**
>
> - Beta讀者：在出版前，找一些目標讀者試讀並提供反饋，確保內容實用且易於理解。
> - 迭代改進：根據反饋進行修改，確保書籍內容符合讀者需求。
>
> **8. 出版與發行**
>
> - 電子書與紙質書：考慮同時出版電子書和紙質書，滿足不同讀者的需求。
> - 線上平台：通過亞馬遜、Google Play Books等平台發行，擴大讀者群。
>
> **9. 後續產品**
>
> - 線上課程或工作坊：可以考慮開發與書籍配套的線上課程或工作坊，進一步幫助讀者掌握AI工具的使用。
>
> 通過這些規劃，你的書籍將不僅能幫助上班族提升工作效率，還能成為他們在AI應用方面的實用指南。祝你寫作順利！

▲ 圖 2-6-3

範例七：數據查詢

如果我想了解中國前五大電動車企業從 2020 年到 2024 年的全年營業額，我也可以請 DeepSeek 為我完成查詢：

> 請給我中國前五大電動車企從 2020 年到 2024 年的全年營業額

DeepSeek 立即就把相關資料提供給我,如圖 2-7。並且表示,它所查詢的資料是截至 2023 年 10 月,所以在提供的相關數據中,2023 年和 2024 年都是預測值。

中國五大电动车企业营业额分析

請給我中國前五大電動車企從2020年到2024年的全年營業額

截至2023年10月,中國前五大電動車企通常包括比亞迪、蔚來、小鵬、理想和廣汽埃安。以下是這些公司從2020年到2023年的營業額概況,以及2024年的預測(數據基於公開資料和行業趨勢,實際數字可能有所不同):

1. 比亞迪(BYD)
- 2020年:約1,534億人民幣
- 2021年:約2,161億人民幣
- 2022年:約4,240億人民幣
- 2023年(預估):約6,000億人民幣
- 2024年(預測):約7,500億人民幣

2. 蔚來(NIO)
- 2020年:約162億人民幣
- 2021年:約361億人民幣
- 2022年:約493億人民幣
- 2023年(預估):約700億人民幣
- 2024年(預測):約900億人民幣

3. 小鵬(XPeng)
- 2020年:約58億人民幣

▲ 圖 2-7-1

> 中国五大电动车企业营业额分析
>
> - 2021年：约210億人民幣
> - 2022年：约269億人民幣
> - 2023年（預估）：约400億人民幣
> - 2024年（預測）：约550億人民幣
>
> 4. 理想（Li Auto）
>
> - 2020年：約94億人民幣
> - 2021年：約270億人民幣
> - 2022年：約453億人民幣
> - 2023年（預估）：約650億人民幣
> - 2024年（預測）：約850億人民幣
>
> 5. 廣汽埃安（GAC Aion）
>
> - 2020年：約60億人民幣
> - 2021年：約120億人民幣
> - 2022年：約300億人民幣
> - 2023年（預估）：約500億人民幣
> - 2024年（預測）：約700億人民幣
>
> 總結：
>
> - **比亞迪**持續領跑，受益於其全產業鏈優勢和規模效應。
> - **蔚來**和**理想**在中高端市場表現強勁。
> - **小鵬**和**廣汽埃安**在技術創新和市場擴張方面迅速成長。

▲ 圖 2-7-2

　　如果我想進一步將這些資料製作成數據表格以方便比較，我可以進一步請 DeepSeek 幫忙：

> 請將這五大電動車企從 2020 年到 2024 年的全年營業額製成數據表格

於是我們就可以得到 DeepSeek 將資料整理後所輸出的數據表格,如圖 2-8。

中國五大電動車企業營業額分析

請將這五大電動車企從2020年到2024年的全年營業額製成數據表格

以下是中國前五大電動車企(比亞迪、蔚來、小鵬、理想、廣汽埃安)從2020年到2024年的全年營業額數據表格:

中國前五大電動車企營業額(單位:億人民幣)

年份	比亞迪(BYD)	蔚來(NIO)	小鵬(XPeng)	理想(Li Auto)	廣汽埃安(GAC Aion)
2020	1,534	162	58	94	60
2021	2,161	361	210	270	120
2022	4,240	493	269	453	300
2023	6,000	700	400	650	500
2024	7,500	900	550	850	700

▲ 圖 2-8

03
Kimi

mon
tue
wed
thu
fri
sat
42%

Kimi 是由北京的一家科技公司「月之暗面」於 2023 年 10 月所發布的聊天機器人（Chatbot），憑藉卓越的中文能力，Kimi 被譽為「中文版的 ChatGPT」，僅一年內活躍用戶即突破 3600 萬。官方宣稱 Kimi 是一個具備超大記憶空間的模型，已經完成了 200 萬個漢字的上下文訓練，同時可以接受 20 萬個漢字的文本輸入。

手機使用者可以在 App 商店中下載 Kimi App，並使用微信、手機號碼或 Apple ID 登錄。Kimi App 具備拍照解題、打電話、圖片創作、翻譯與寫作的功能。使用者可點擊對話框上方的選項來選擇功能。不過，倘若要用來製作簡報 PPT，只能使用電腦版本。

電腦使用者可以訪問 Kimi 官網（kimi.com），點擊左側「登錄」鍵，再用手機微信 App 的掃描功能掃描頁面中央的 QR Code，完成註冊並登錄帳號。若要製作簡報 PPT，可以在首頁左側導航欄點擊「Kimi+」，選擇「PPT 助手」，或是直接在對話框中輸入「@PPT」喚起功能。

🄺 應用範例

範例一：文本翻譯

倘若我想把下面這一段文字由中文翻譯成英文，首先需要點擊 Kimi App 首頁下方的「翻譯」選項，然後在對話欄中輸入欲翻譯的中文文本內容，選擇由中文翻譯成英文，如圖 3-1。

> 人工智慧究竟是什麼？是一個電腦程式？是一個數學模型？還是一個數位工具？關於這個問題，Microsoft AI 部門的 CEO 穆斯塔法‧蘇萊曼（Mustafa Suleyman）在 TED 平台演講時給了大家一個最新的定義，他認為人工智慧就是一個全新的「數位物種」（a new digital species）。
>
> 請特別注意，他提到的是「物種」，不是沒有生命的工具、模型或者程式。所以，很多人把人工智慧比擬成蒸汽機，或者是可以製造原子彈的核分裂技術，恐怕都不符合實際的狀況。事實上，人類可以決定把蒸汽機用在不同的地方，也可以決定將核分裂技術應用在核能發電或是原子彈的領域，這一切都掌握在人類的手中，那是因為不論是蒸汽機或是核分裂技術，都是沒有生命、毫無意識的「死物」。於是，下一個問題就隨即產生：人工智慧既然被稱之為物種，是否具有自我意識？

接下來，Kimi 便會完成翻譯的工作。（圖 3-2）

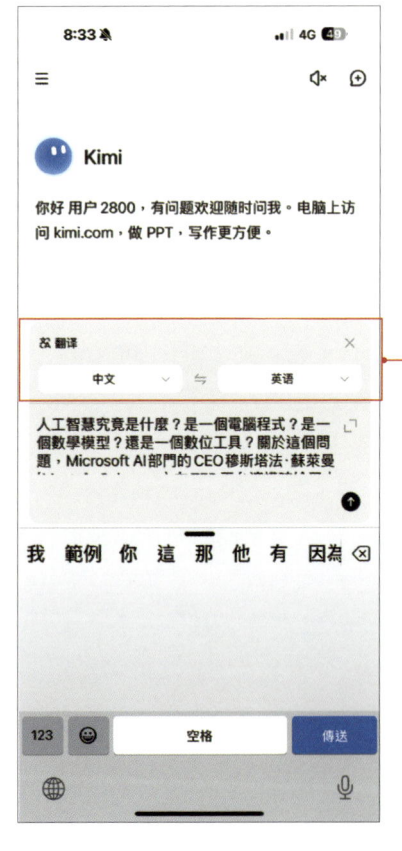

點擊 Kimi App 首頁下方的「翻譯」選項，然後在對話欄中輸入欲翻譯的中文文本內容，選擇由 中文 翻譯成 英文 。

▲ 圖 3-1

▲ 圖 3-2

範例二：圖片創作

你還記得我們在第 1 章中請 Gemini 2.0 幫我們設計的那一隻可愛俏皮的白色捲毛兔子嗎？我們可以請 Kimi 按照設計把牠創作出來。首先，點擊「圖片創作」的選項，然後在對話框中輸入 Gemini 2.0 為我們所做出的角色設計內容：

一隻可愛俏皮的白色捲毛兔子

角色外觀：

顏色：純淨的白色，強調潔白無瑕的可愛感。

毛髮：蓬鬆柔軟的捲毛，觸感舒適，視覺上增加可愛度。

眼睛：大而圓的眼睛，顏色可以是溫柔的粉色、水藍色或琥珀色，眼神要靈動有神，充滿好奇和俏皮。

耳朵：長長的耳朵，可以稍微下垂或豎起，增加不同的表情變化。耳朵內側可以是淡淡的粉色或淺灰色。

鼻子：小巧的粉色鼻子，微微翹起，更顯俏皮。

表情：主要表情是微笑、好奇、興奮、一點點小小的調皮，總之要展現活潑開朗的個性。

只需要 10 秒鐘左右的時間，Kimi 就可以幫我們創作出這一隻可愛俏皮的白色捲毛兔子。（圖 3-3）

▲ 圖 3-3

099

當然，我們也可以請 Kimi 為我們生成第 1 章舉例的那一隻馬爾濟斯犬，同樣點擊「圖片創作」的選項，然後輸入下列的指令：

> 請幫我生成一張可愛俏皮的馬爾濟斯犬的圖片，牠有圓圓的眼睛、白色的毛髮，頭上戴著一頂棒球帽。

我們就可以得到圖 3-4。

如果我們對 Kimi 所生成的圖像不夠滿意，可以透過補充或修正指令內容來調整，也可以多次要求 Kimi 重新生成，直到達到理想效果。當然，Kimi 並非專門用於「文生圖像」的 AI 工具，因此在進行細部修改並重新生成時，圖像中的細節可能會出現一致性問題。

與 Gemini 不同，Kimi 並不具備連續修改圖片的功能，因此若要對圖片進行變更，就必須重新輸入一段完整的指令。以這個範例來說，如果我們想把馬爾濟斯犬頭上的棒球帽去除，可能就得透過重新生成圖像的方式來達成。

▲ 圖 3-4

範例三：文本寫作

如果我想寫一封信函給中國騰訊公司，表達希望拜會並且商討未來合作的可能性。我可以點擊「寫作」選項，寫作風格選擇「正式」，長度選擇「中」，語言選擇「中文」。並且在對話欄內輸入下面的內容：

> 請幫我以電影視覺特效公司數字王國執行董事的身分，寫信給中國騰訊公司，表達希望拜會騰訊公司 AI 部門的主管，討論兩家公司未來在打造「文生視頻」AI 模型，是否有合作的可能？

很快的，Kimi 就會為我完成了一封內容豐富、條理分明，並且誠摯有禮的正式信函。（圖 3-5）

令人驚訝的是，我在指令中並未提供任何關於數字王國與騰訊的介紹資料，但 Kimi 在信函中卻能準確說明兩家公司的業務領域，並清楚分析其技術發展與專業優勢。

▲ 图 3-5-1

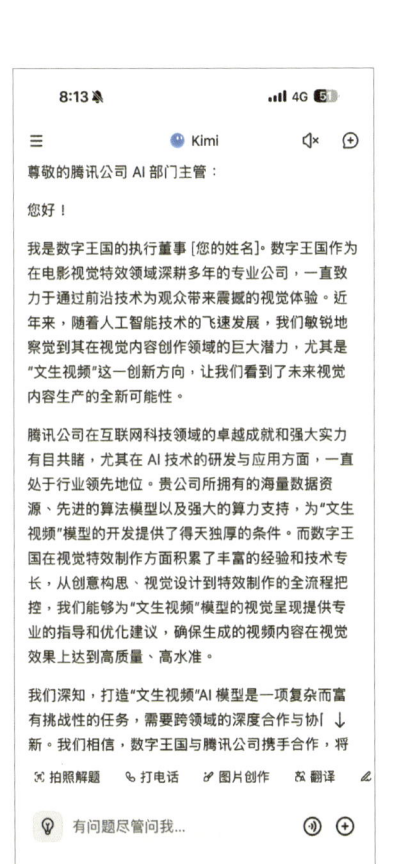

▲ 圖 3-5-2

範例四：拍照解題

　　Kimi 還有一項很強大的功能。我們在一張白紙上寫下一個一元二次方程式，Kimi 便可解出正確的答案。首先，點

擊對話框上方的「拍照解題」選項，接著把照相框對準白紙上所需要解開的題目，點擊「解題」下方的白色圓形拍照後，再點擊右下方打勾處，最後當照片進入對話框後，便可啟動解題，如圖 3-6。而 Kimi 竟然真的按部就班的把這個一元二次方程式解開，順利地得到了答案。（圖 3-7）

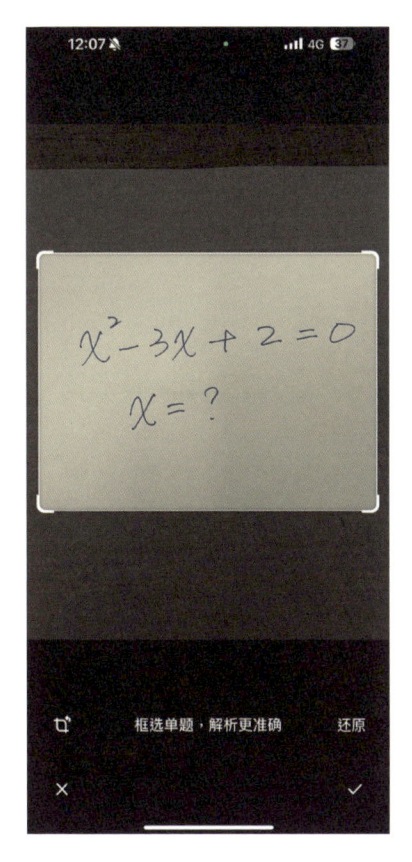

▲ 圖 3-6

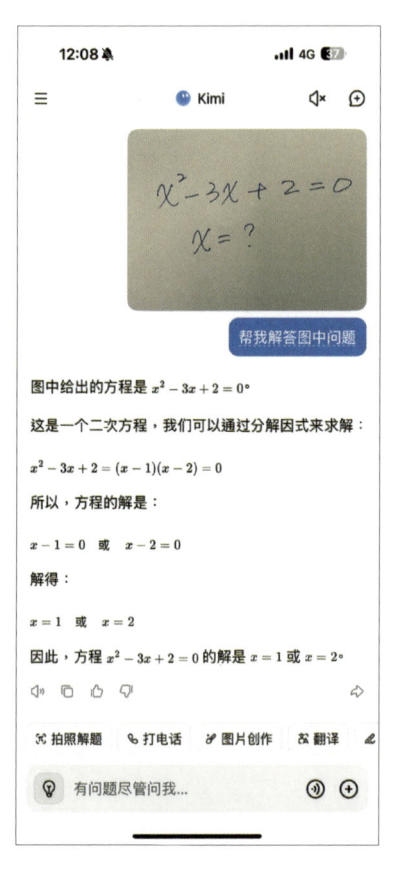

▲ 圖 3-7

範例五：製作簡報

製作 PPT 必須使用 Kimi 的電腦網頁版本。完成登錄後，在螢幕左側的選項選擇「Kimi+」，進入 Kimi+ 的介面，如

圖 3-8。接著選擇「PPT 助手」的欄位，進入 PPT 助手的介面，如圖 3-9，然後在下方對話框中輸入：

> 請把以下內容生成 PPT：

隨後再附上我在 2024 年出版的《AI 人工智慧最新浪潮 - 停不下來的列車》第 4 章的內容。

螢幕左側的選項選擇「Kimi+」，進入 Kimi+ 的介面。

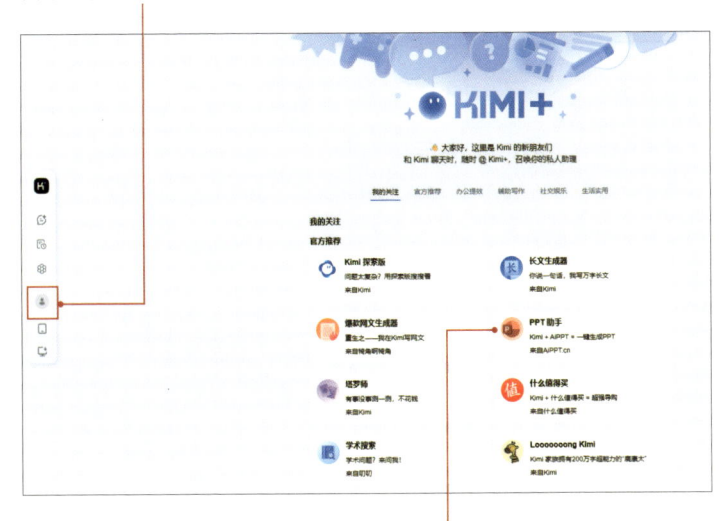

選擇畫面中「PPT 助手」欄位，進入 PPT 助手的介面。

▲ 圖 3-8

▲ 圖 3-9

Kimi 會先對輸入內容進行重點節錄,如圖 3-10。

這個步驟的重點,是先將原本冗長複雜的文本加以提綱挈領、歸納重點,待我們確認無誤後,才能進一步編輯 PPT 簡報。否則等到簡報檔案完成後才修改,將是一項耗時費力的大工程。

預覽內容時,若發現有需要修改或不夠理想的部分,也可以進行調整,或請 Kimi 重新執行此步驟。

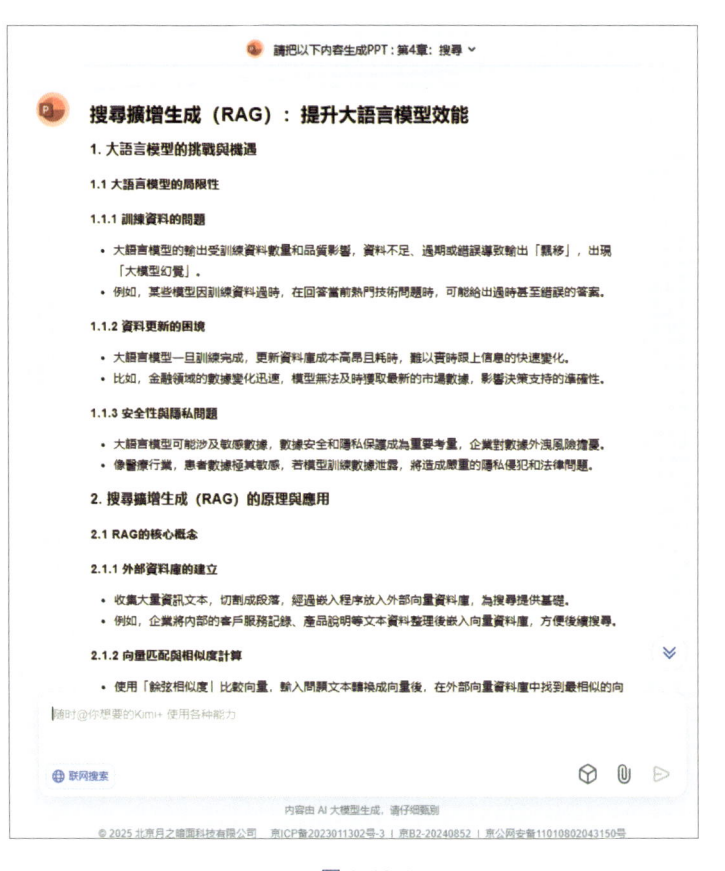

▲ 圖 3-10-1

▲ 圖 3-10-2

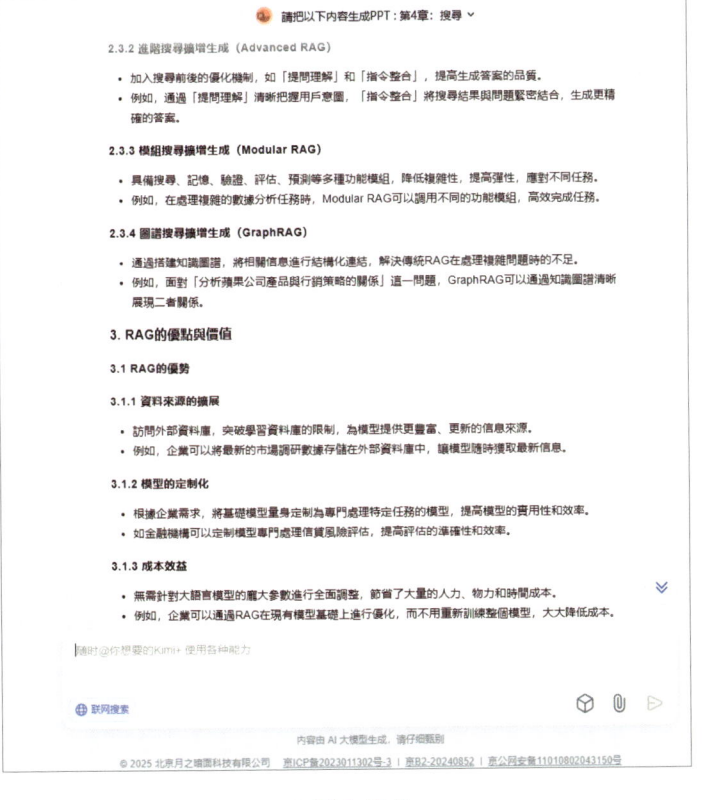

▲ 圖 3-10-3

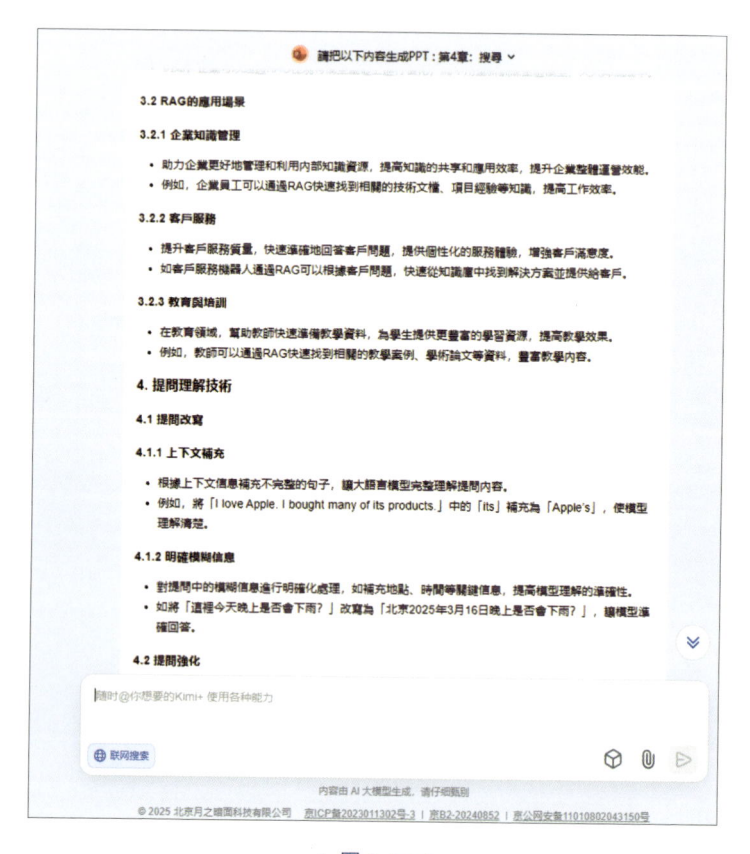

▲ 圖 3-10-4

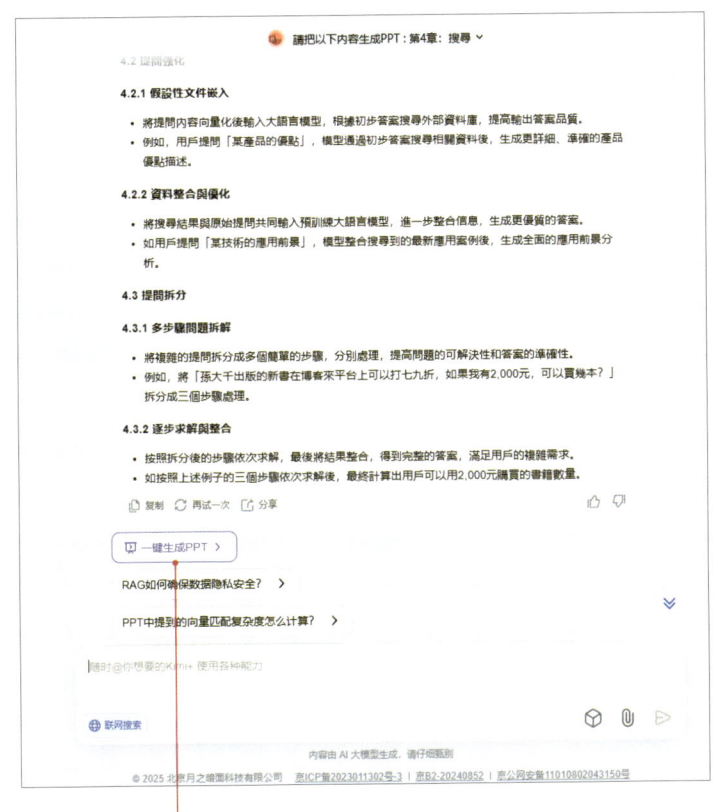

選擇畫面中「一鍵生成 PPT」欄位，進入 PPT 生成介面。

▲ 圖 3-10-5

接著我們點擊下方「一鍵生成 PPT」的欄位進入 PPT 生成介面，如圖 3-11。我們可以選擇一套 PPT 模板，而選擇框下方的「模板場景」、「設計風格」以及「主題顏色」三個選項則是用來幫我們篩選 PPT 模板，以符合我們的用途。

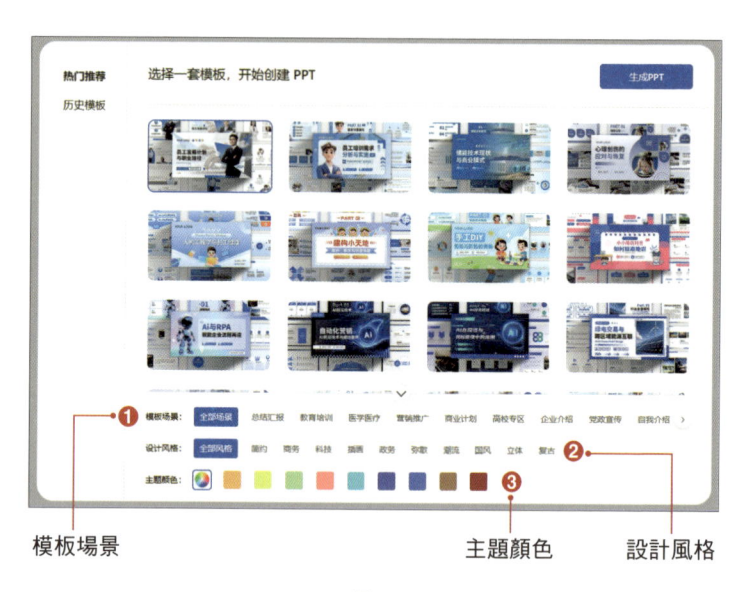

▲ 圖 3-11

選定模板風格後,便可以點擊右上方的「生成 PTT」選項。只需要不到 20 秒的時間,Kimi 就為我們生成了 16 張 PPT,如圖 3-12。

PPT 頁面縮圖預覽

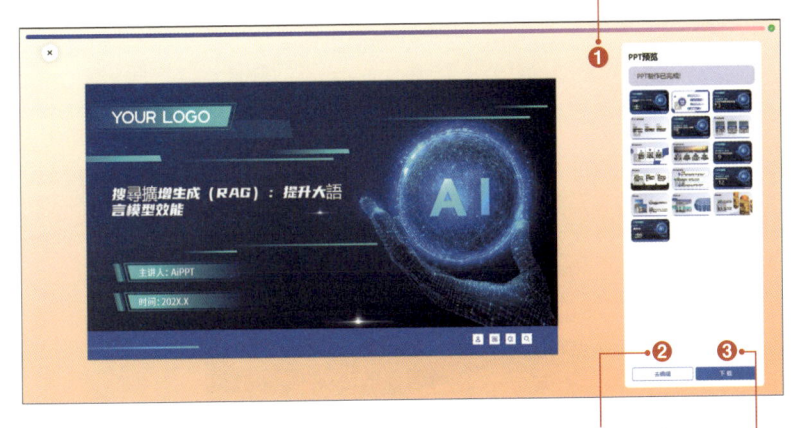

「去編輯」選項可以進入修改介面

點擊「PTT 預覽」下方的「下載」選項來下載檔案

▲ 圖 3-12

然後，我們可以點擊畫面右側「PTT 預覽框」下方的「下載」選項。將文件類型設定為「文字可以編輯」的「PPT」檔案。當然，如果我們對於模板風格以及文字內容要來進行修正，也可以點擊「PPT 預覽框」下方的「去編輯」選項，然後進入修改介面，如圖 3-13。在畫面左側可以選擇「大綱編輯」、「模板替換」或「插入元素」三個選項。

畫面左側有「大綱編輯」、「模板替換」、「插入元素」三個選項。

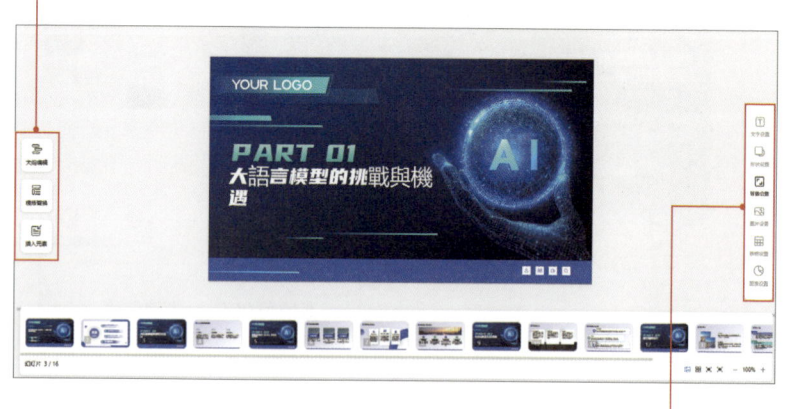

畫面右側的細部修改選項有：文字設置、形狀設置、背景設置、圖片設置、表格設置、圖表設置。

▲ 圖 3-13

當然，我們也可以在電腦的下載檔案中找到我們剛剛下載的 PPT 檔，然後在 PowerPoint 當中打開，進行細部的修正。最終完成的檔案如圖 3-14。

▲ 圖 3-14

由於 Kimi 在設計與訓練階段主要以簡體中文為主，因此在生成繁體字的 PPT 簡報時，可能會出現字體或字型不一致的情況。我們可以在 PowerPoint 中進行後續的手動調整，以確保整體格式一致。

同樣地，在生成文本時，如果希望內容為繁體中文，只需在輸入指令時註明「請以繁體字生成」，便可避免日後還需進行簡轉繁的轉換流程。

04
Napkin AI

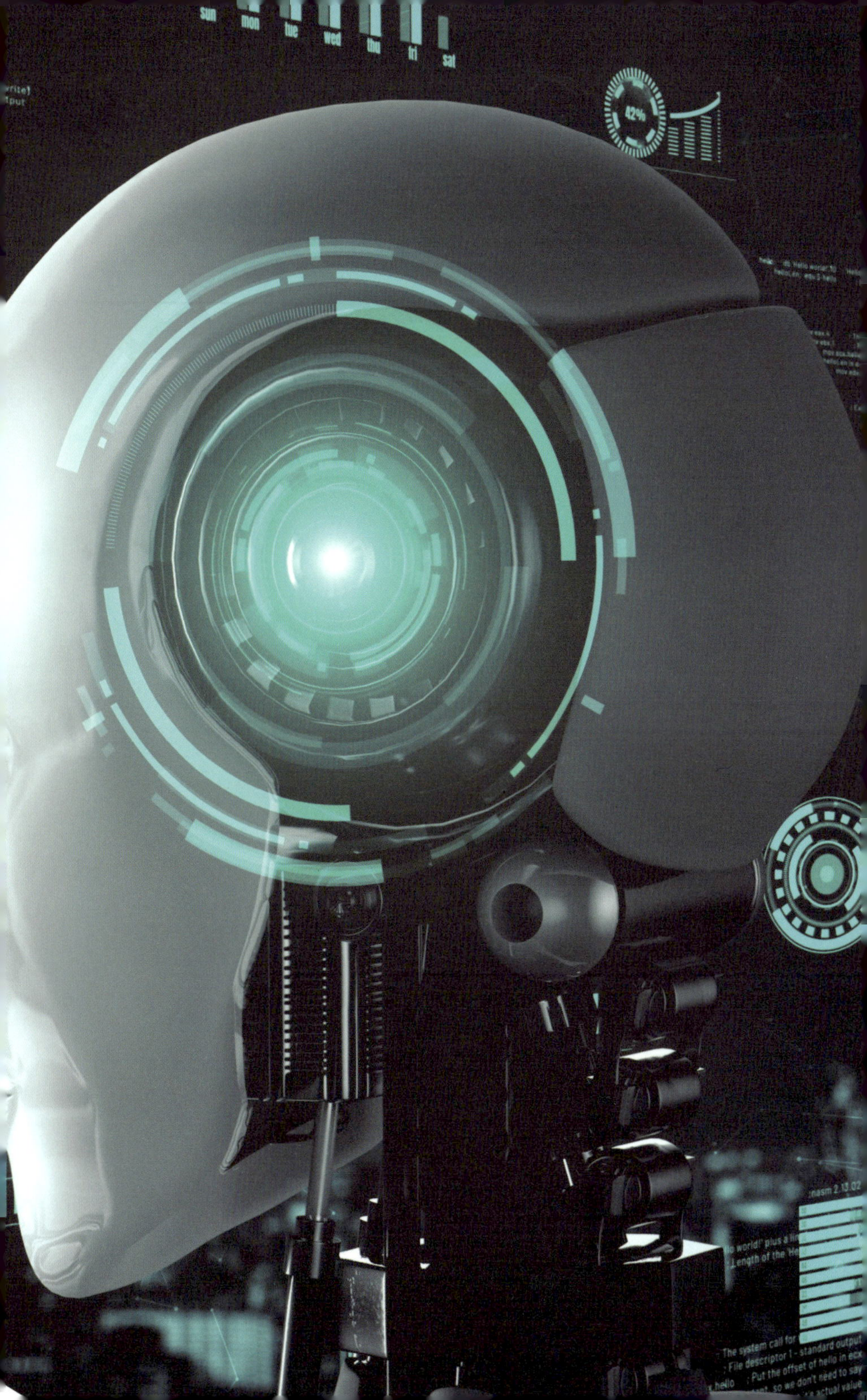
sun
mon
tue
wed
thu
fri
sat
42%
The system call for

Napkin AI 是由一家新創公司「Napkin」所開發的「可以將文字轉成圖片」的 AI 應用程式。這家公司的兩位創始人曾是 Google 的軟體工程師，之後共同創立了 Osmo，一家專注於將電腦視覺技術應用於兒童互動學習的新創公司。2019 年，他們以 1.2 億美元將 Osmo 出售給印度的一家教育科技公司。而「Napkin」是他們第二次的創業。憑藉著獨特的創意，他們已經成功地吸引了 Accel 和 CRV 領投 1,000 萬美元的種子輪融資。

無論是經常需要準備簡報的上班族、備課的教師，還是挑燈夜戰撰寫期末報告的學生，大家都面臨著一個共同的問題：如何將枯燥冗長的文字轉化為生動易懂的圖表，畢竟對一般閱讀者來說，一份塞滿文字的簡報或報告實在缺乏吸引力，如果能夠將文字內容轉換成各式各樣的圖表，想必一定更有助於閱讀理解。

而 Napkin AI 正是提供了這樣的服務和功能，它可以用 AI 幫我們把文章內容用簡單的手繪圖解形式來呈現，可以增強在教材、簡報、或是論文中的視覺傳達效果。

使用者目前可以免費使用 Napkin AI 的 Beta 測試版，也支援中文輸入內容。

使用的步驟如下：

一、訪問 Napkin AI 的網站首頁，點擊「Get Napkin Free」後，使用 Google 或是其他電子郵件登錄進入，如圖 4-1。接著回答幾個問題之後，便可以開始使用，如圖 4-2。

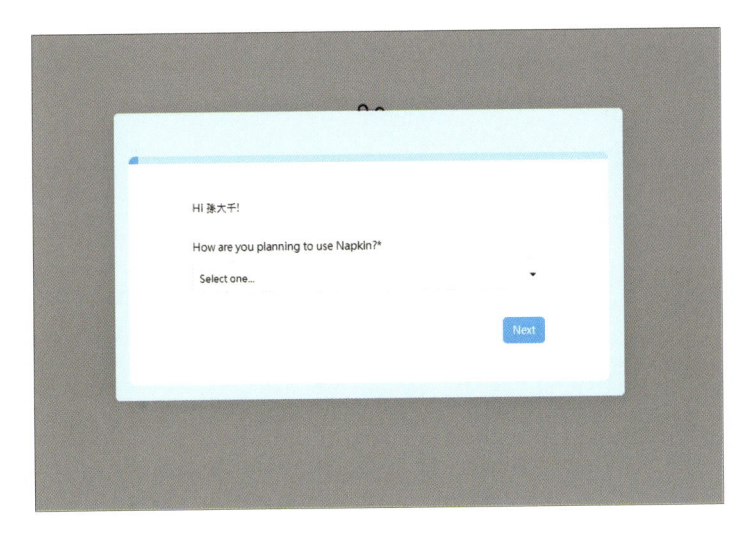

▲ 圖 4-1

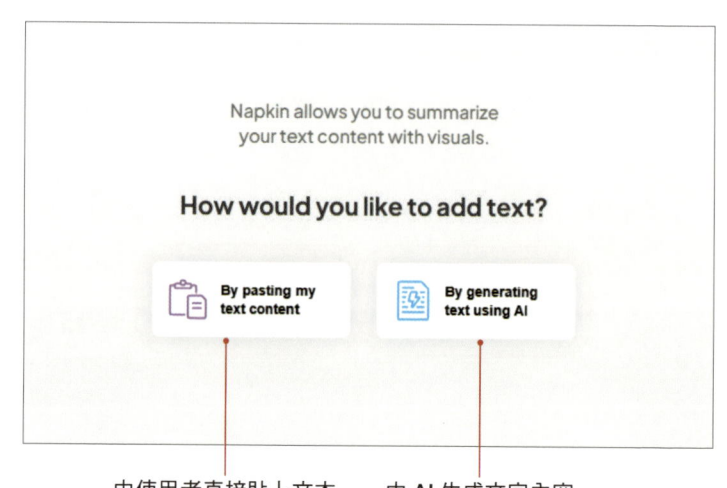

Napkin allows you to summarize your text content with visuals.

How would you like to add text?

By pasting my text content —— 由使用者直接貼上文本

By generating text using AI —— 由 AI 生成文字內容

▲ 圖 4-2

二、我們會在螢幕上看到兩個選項欄位，其中「By pasting my text content」是指由使用者直接貼上文本，而「By generating text using AI」則是由 AI 生成文字內容後，Napkin AI 再來生成圖表。

三、倘若要結束當前任務，並且開啟新任務時，可以點選螢幕左上角的「+Napkin」選項，再選擇「Blank Napkin」，由使用者貼上文本；或是「Draft with AI」，由 AI 生成內容。而左上方的另一個「Library」選項則是我們在使用 Napkin AI 時的歷史紀錄。

接下來，讓我們分別用下面的範例來進行測試：

➤ Napkin 應用範例

範例一：貼上文本

首先選擇「By pasting my text content」。我們同樣使用我在去年四月所出版的《AI 人工智慧最新浪潮—停不下來的列車》一書中第 4 章的內容。將文章內容貼上後，在左側就會出現一個藍色的「Generate Visual」選項，如圖 4-3。

按下左邊的藍色按鈕後，就會將文本內容製作成視覺化的圖表。

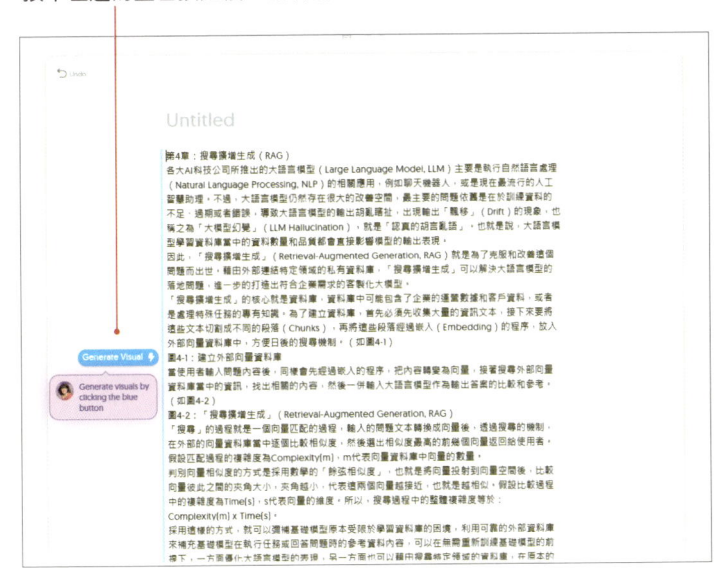

▲ 圖 4-3

很快的 Napkin AI 就會將文本內容中的概念消化理解後，製作成視覺化的圖表，並且在左側的藍色框中可以看到有各式各樣不同的表現形式，如圖 4-4 到圖 4-8。選擇滿意的圖表後，還可以進一步的針對圖表內容來進行細部的修正。如果不夠滿意，還可以點擊「Generate More」，Napkin AI 就會生成更多選擇。

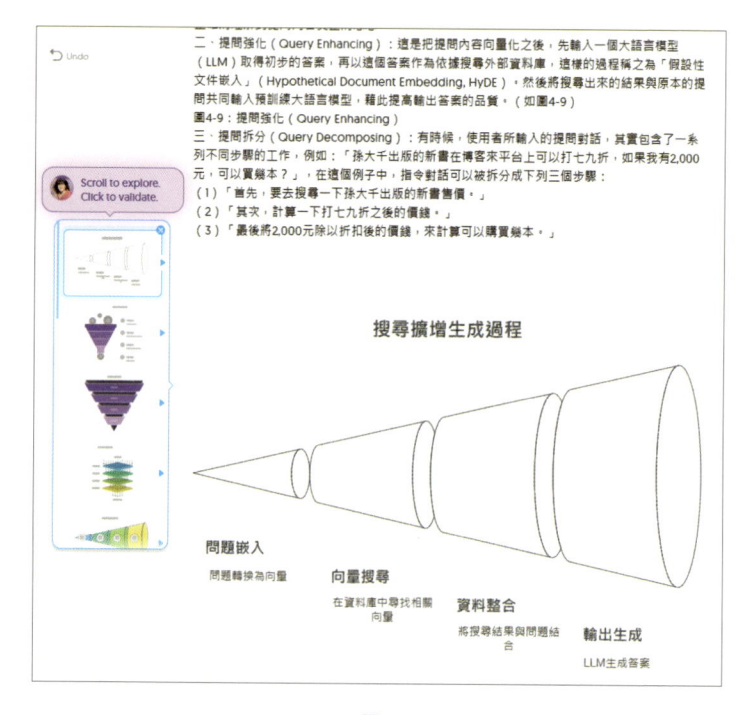

▲ 圖 4-4

二、提問強化（Query Enhancing）：這是把提問內容向量化之後，先輸入一個大語言模型（LLM）取得初步的答案，再以這個答案作為依據搜尋外部資料庫，這樣的過程稱之為「假設性文件嵌入」（Hypothetical Document Embedding, HyDE），然後將搜尋出來的結果與原本的提問共同輸入預訓練大語言模型，藉此提高輸出答案的品質。（如圖4-9）

圖4-9：提問強化（Query Enhancing）

三、提問拆分（Query Decomposing）：有時候，使用者所輸入的提問對話，其實包含了一系列不同步驟的工作，例如：「孫大千出版的新書在傳客來平台上可以打七九折，如果我有2,000元，可以買幾本？」，在這個例子中，指令對話可以被拆分成下列三個步驟：

（1）「首先，要去搜尋一下孫大千出版的新書售價。」
（2）「其次，計算一下打七九折之後的價錢。」
（3）「最後將2,000元除以折扣後的價錢，來計算可以購買幾本。」

可以在左側藍色框中，選擇適用的視覺化圖表。

▲ 圖 4-5

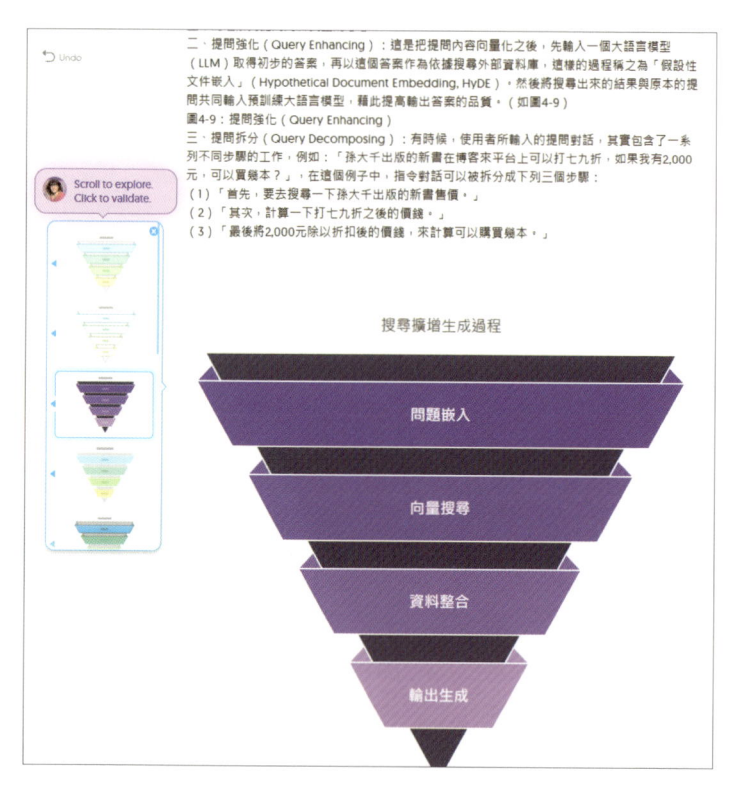

二、提問強化（Query Enhancing）：這是把提問內容向量化之後，先輸入一個大語言模型（LLM）取得初步的答案，再以這個答案作為依據搜尋外部資料庫，這樣的過程稱之為「假設性文件嵌入」（Hypothetical Document Embedding, HyDE），然後將搜尋出來的結果與原本的提問共同輸入預訓練大語言模型，藉此提高輸出答案的品質。（如圖4-9）

圖4-9：提問強化（Query Enhancing）

三、提問拆分（Query Decomposing）：有時候，使用者所輸入的提問對話，其實包含了一系列不同步驟的工作，例如：「孫大千出版的新書在博客來平台上可以打七九折，如果我有2,000元，可以買幾本？」，在這個例子中，指令對話可以被拆分成下列三個步驟：
（1）「首先，要去搜尋一下孫大千出版的新書售價。」
（2）「其次，計算一下打七九折之後的價錢。」
（3）「最後將2,000元除以折扣後的價錢，來計算可以購買幾本。」

搜尋擴增生成過程

- 問題嵌入
- 向量搜尋
- 資料整合
- 輸出生成

▲ 圖 4-6

126　上班族必備的 AI 神器

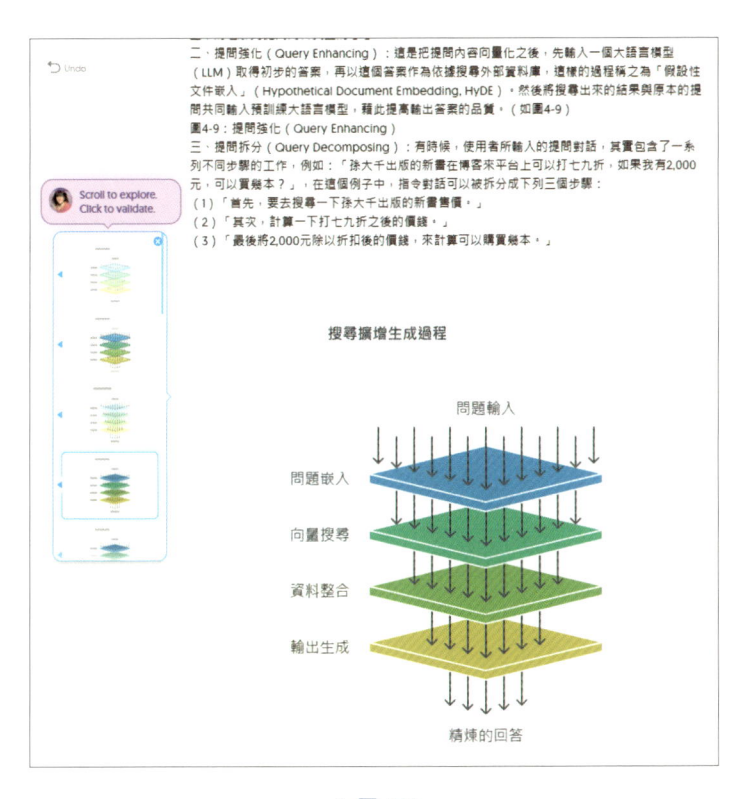

二、提問強化（Query Enhancing）：這是把提問內容向量化之後，先輸入一個大語言模型（LLM）取得初步的答案，再以這個答案作為依據搜尋外部資料庫，這樣的過程稱之為「假設性文件嵌入」（Hypothetical Document Embedding, HyDE），然後將搜尋出來的結果與原本的提問共同輸入預訓練大語言模型，藉此提高輸出答案的品質，（如圖4-9）
圖4-9：提問強化（Query Enhancing）

三、提問拆分（Query Decomposing）：有時候，使用者所輸入的提問對話，其實包含了一系列不同步驟的工作，例如：「孫大千出版的新書在博客來平台上可以打七九折，如果我有2,000元，可以買幾本？」，在這個例子中，指令對話可以被拆分成下列三個步驟：
（1）「首先，要去搜尋一下孫大千出版的新書售價。」
（2）「其次，計算一下打七九折之後的價錢。」
（3）「最後將2,000元除以折扣後的價錢，來計算可以購買幾本。」

▲ 圖 4-7

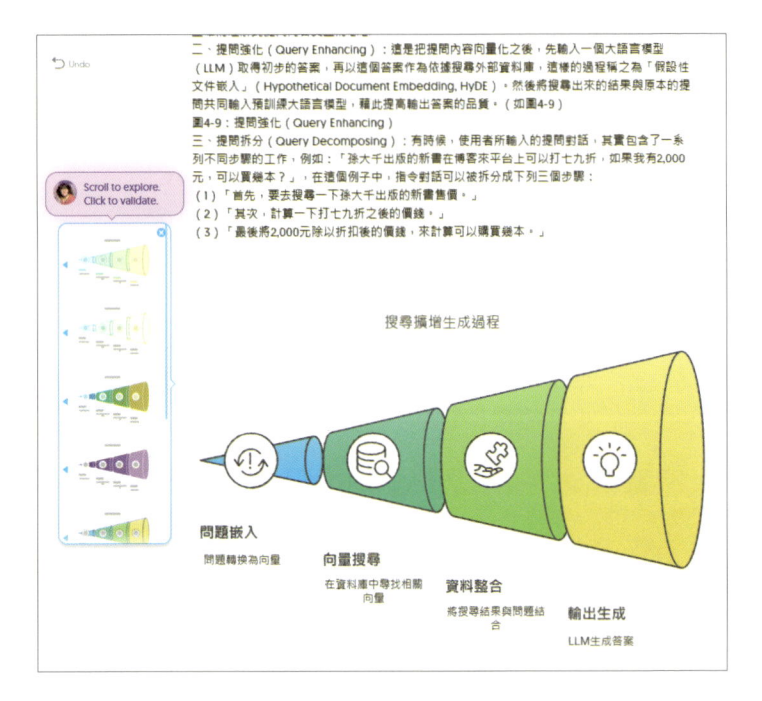

▲ 圖 4-8

倘若我們希望在全篇文章中各個不同的段落都能分別生成圖表,我們可以將選定的部分標示出來,如圖 4-9。然後點擊左側的藍色閃電按鈕。同樣的,Napkin AI 就會根據所選標示的段落內容,生成許多有創意的圖表來供我們選擇,如圖 4-10。

▲ 圖 4-9

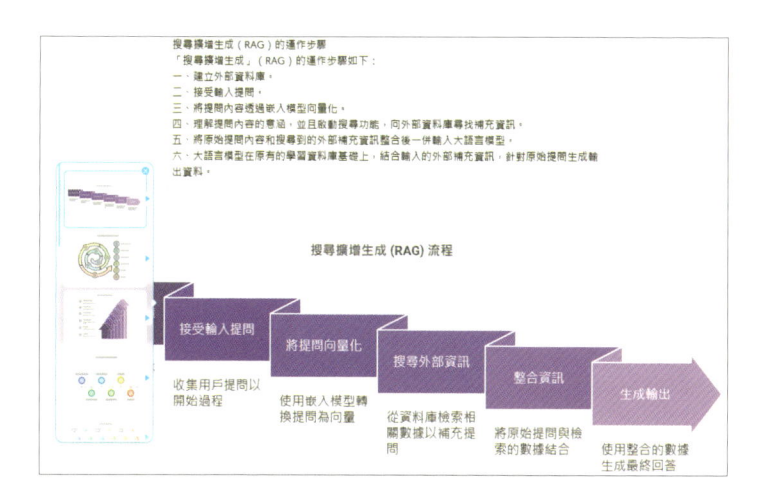

▲ 圖 4-10

　　接著我們再選擇另外一段,重複同樣的操作模式,如圖 4-11。我們就可以得到許多生動活潑的圖表,如圖 4-12。如此一來,我們就可以在一篇複雜艱澀的文章中添加許多視覺化的圖解,來呈現不同段落中的重點概念。

▲ 圖 4-11

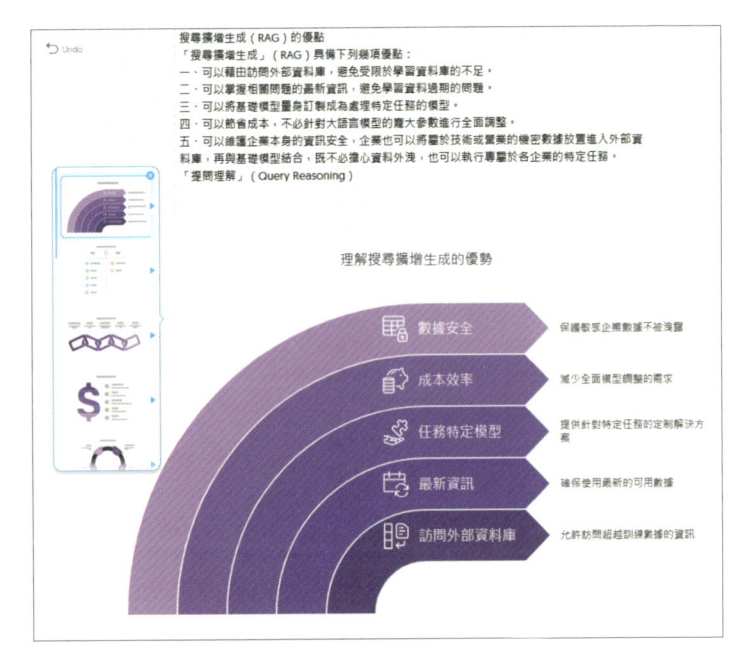

▲ 圖 4-12

每一個圖表在選定並且經過細部修正後，便可以在圖表的右上方的選項中，選擇背景的顏色、圖表的尺寸以及風格，再點擊「Export」按鈕，如圖 4-13。然後選擇欲下載的檔案格式，調整亮度和解析度，以及選定背景後，再點擊「Download」選項，就可以將圖表下載到電腦。

右上方區塊可選擇背景的顏色、圖表的尺寸以及風格，選定後再點擊「Export」按鈕。

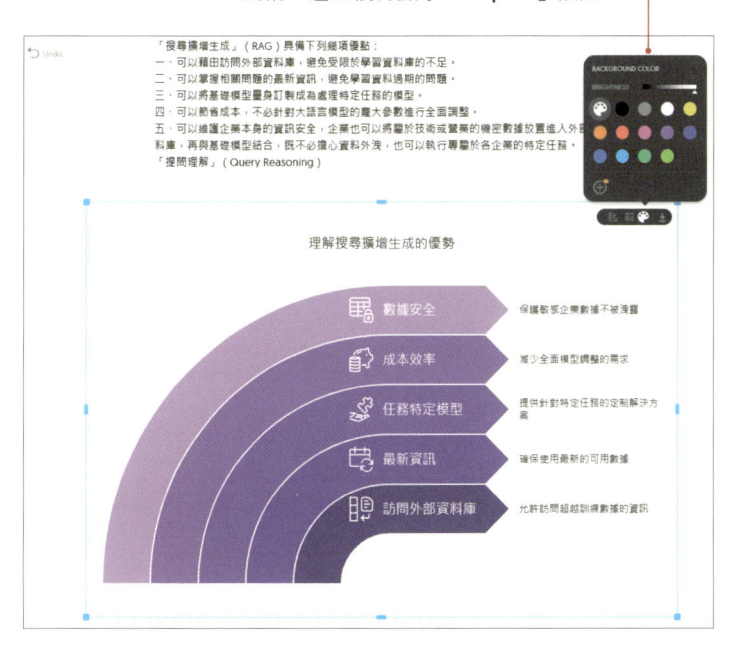

▲ 圖 4-13

範例二：AI 生成內容

選擇「By generating text using AI」的選項。然後輸入我們希望 AI 生成的主題，例如：AI 與推廣素食的關係，如圖 4-14。然後點擊「Continue」鍵。

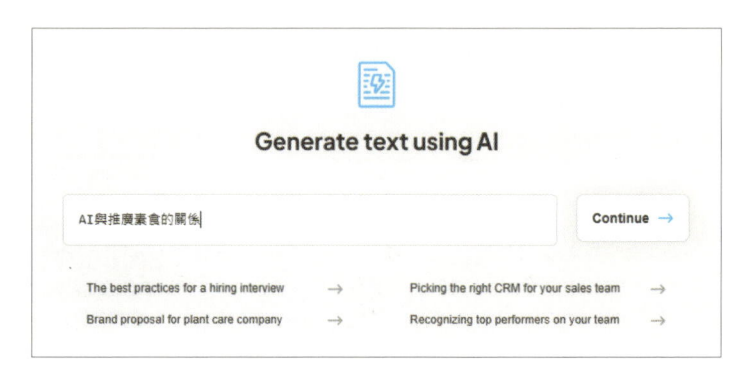

▲ 圖 4-14

不用幾秒鐘的時間，Napkin AI 就會輸出符合主題的文本內容，如圖 4-15。

由於 Napkin AI 同時具備大語言模型的能力，因此生成的文本內容通常相當周全且細緻。當我們確認內容無需修改後，便可直接進入下一個步驟。

AI與推廣素食的關係

在當今社會，隨著環保意識的提升和健康飲食的關注，素食主義逐漸受到重視。人工智慧（AI）作為一種新興技術，正在各個領域發揮著重要作用，包括推廣素食的過程。本文將探討AI如何影響素食的推廣，並分析其潛在的好處與挑戰。

AI在素食推廣中的應用

1. 個性化推薦系統

   AI可以通過分析用戶的飲食習慣和偏好，提供個性化的素食食譜和餐飲建議。這樣的推薦系統不僅能提高用戶的參與度，還能幫助他們更輕鬆地轉向素食飲食。

2. 社交媒體分析

   AI技術可以分析社交媒體上的數據，了解公眾對素食的看法和趨勢。這些數據可以幫助推廣者制定更有效的市場策略，吸引更多人關注素食主義。

3. 教育與宣傳

   AI可以用於創建互動式的教育平台，幫助人們了解素食的健康益處和環境影響。通過虛擬助手或聊天機器人，使用者可以隨時獲取相關資訊，增強他們對素食的認識。

AI推廣素食的好處

- 提高可及性

  AI技術能夠使素食資訊更容易獲得，無論是透過應用程式還是網站，讓更多人接觸到素食選擇。

- 促進社群互動

  AI可以幫助建立素食者社群，促進交流與分享，讓人們在轉向素食的過程中感受到支持與

▲ 圖 4-15-1

> - 促進社群互動
>
>   AI可以幫助建立素食者社群，促進交流與分享，讓人們在轉向素食的過程中感受到支持與鼓勵。
>
> - 數據驅動的決策
>
>   利用AI分析的數據，推廣者可以更有效地制定策略，針對特定人群進行精準行銷，提升推廣效果。
>
> ## 面臨的挑戰
>
> - 數據隱私問題
>
>   在收集和分析用戶數據時，必須遵循隱私法規，確保用戶的個人資訊不被濫用。
>
> - 技術接受度
>
>   並非所有人都對新技術持開放態度，推廣者需要考慮如何克服這一障礙，讓更多人接受AI技術。
>
> - 文化差異
>
>   不同地區對素食的接受程度和理解存在差異，推廣者需要根據當地文化調整策略。
>
> ## 結論
>
> AI在推廣素食方面展現了巨大的潛力，能夠通過個性化推薦、社交媒體分析和教育宣傳等方式，促進素食主義的普及。然而，推廣者也需面對數據隱私、技術接受度和文化差異等挑戰。未來，隨著技術的進步和社會的變遷，AI將在素食推廣中發揮越來越重要的作用。

▲ 圖 4-15-2

然後，我們可以選取不同的部分來製作可視化的圖表，如圖 4-16、圖 4-17。

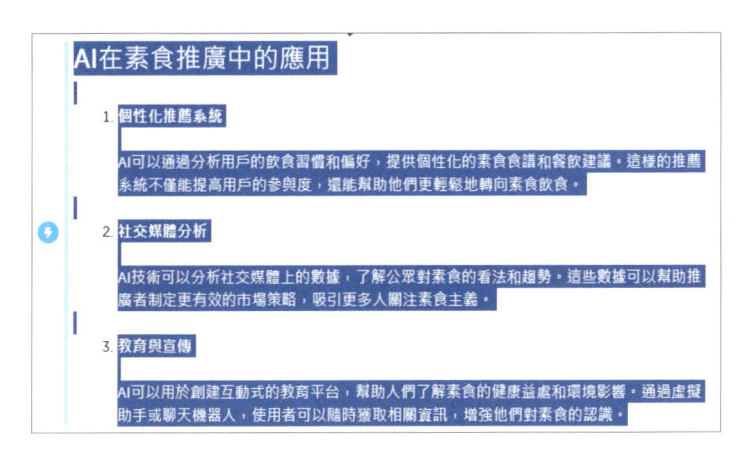

▲ 圖 4-16

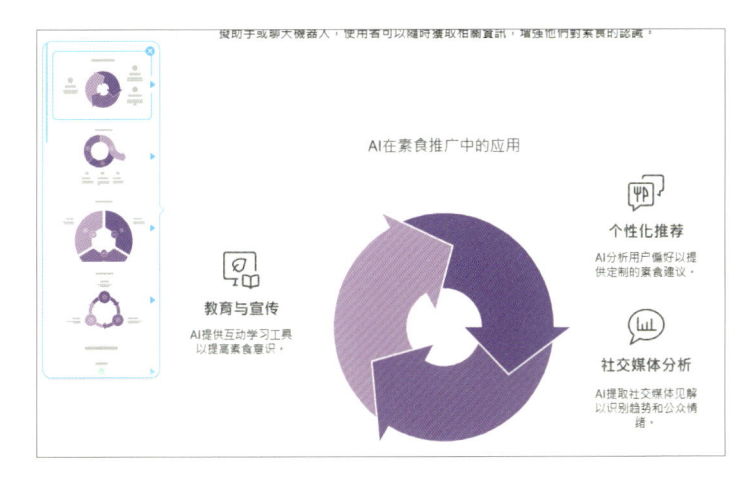

▲ 圖 4-17

重複同樣的步驟,藉由 Napkin AI 的幫助,我們很輕鬆的就可以生成一篇圖文並茂且活潑有趣的文章。

範例三：製作圖表

還記得我們先前在第 2 章使用 DeepSeek 取得中國五大電動車企從 2020 年到 2024 年的全年營業額資料嗎？當時 DeepSeek 的版本可以協助我們將相關資料製成數據表格，但是還沒有開啟生成折線圖的功能。而現在我們可以使用 Napkin AI 來完成這項工作。

我們只需要把 DeepSeek 當時所提供的車企數據依次貼上 Napkin AI，再點擊左側的閃電符號，就可以得到不同形式的圖表來供我們選擇。（圖 4-18 到圖 4-22）

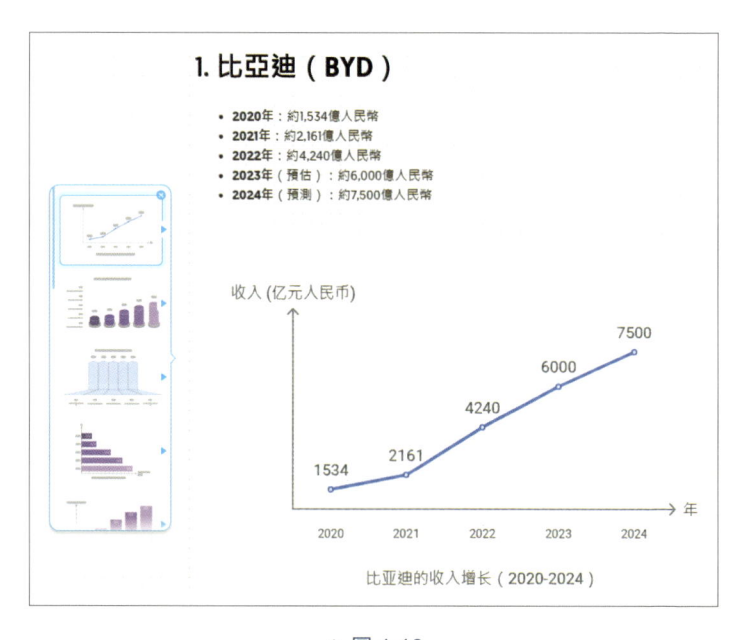

▲ 圖 4-18

2. 蔚來（NIO）

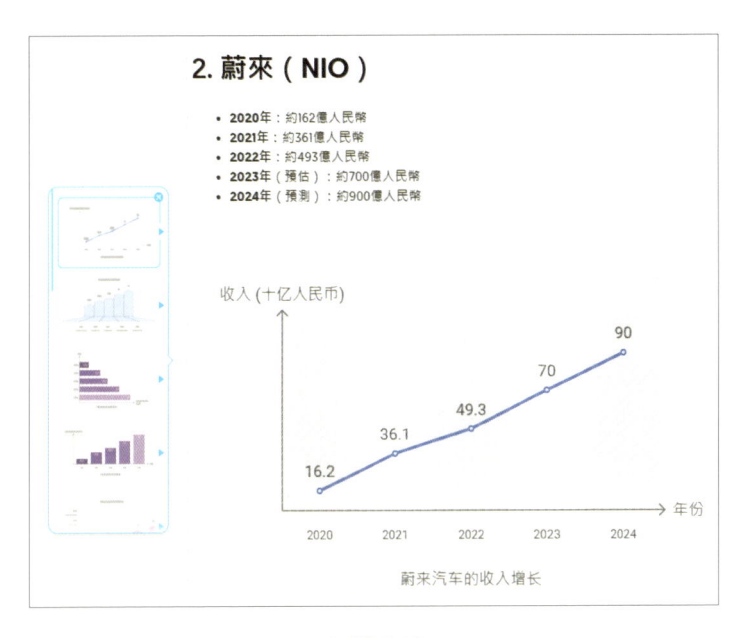

- **2020**年：約162億人民幣
- **2021**年：約361億人民幣
- **2022**年：約493億人民幣
- **2023**年（預估）：約700億人民幣
- **2024**年（預測）：約900億人民幣

▲ 圖 4-19

3. 小鵬（XPeng）

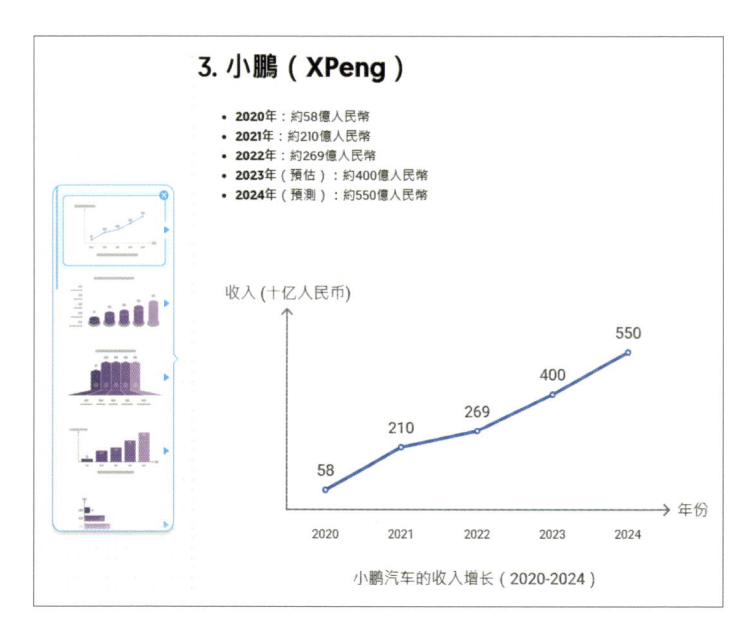

- **2020**年：約58億人民幣
- **2021**年：約210億人民幣
- **2022**年：約269億人民幣
- **2023**年（預估）：約400億人民幣
- **2024**年（預測）：約550億人民幣

小鵬汽車的收入增長（2020-2024）

▲ 圖 4-20

4. 理想（Li Auto）

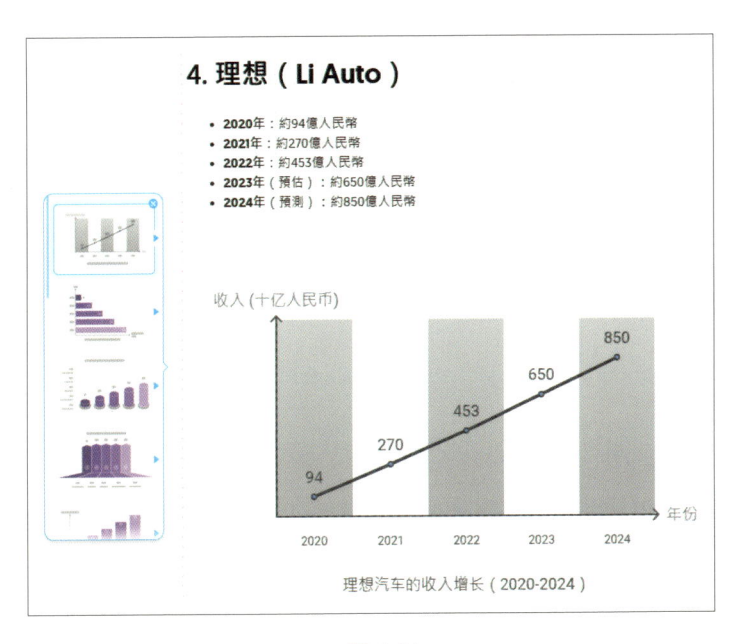

- **2020**年：約94億人民幣
- **2021**年：約270億人民幣
- **2022**年：約453億人民幣
- **2023**年（預估）：約650億人民幣
- **2024**年（預測）：約850億人民幣

理想汽車的收入增長（2020-2024）

▲ 圖 4-21

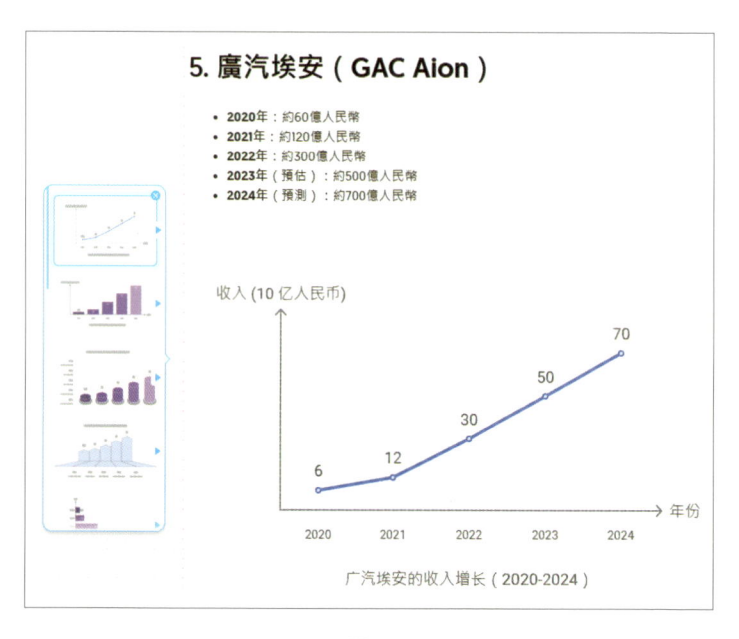

▲ 圖 4-22

　　由於仍處於測試階段，我們需要確認 Napkin AI 所生成的圖表是否正確，並進行細部修正，包括將簡體字轉為繁體字。我們可以先下載圖表，再貼到 PowerPoint 進行微調。例如，在圖 4-20 和圖 4-21 中，縱軸「收入」的單位有誤，應修正為圖 4-23 和圖 4-24。

3. 小鵬（XPeng）

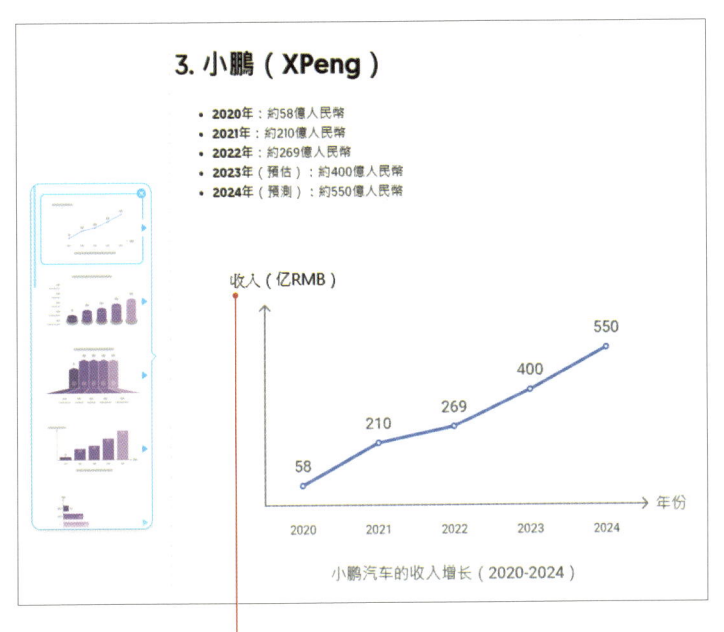

- **2020年**：約58億人民幣
- **2021年**：約210億人民幣
- **2022年**：約269億人民幣
- **2023年**（預估）：約400億人民幣
- **2024年**（預測）：約550億人民幣

小鵬汽车的收入增长（2020-2024）

可以直接在 PowerPoint 中修改縱軸的單位設定，以更正錯誤。

▲ 圖 4-23

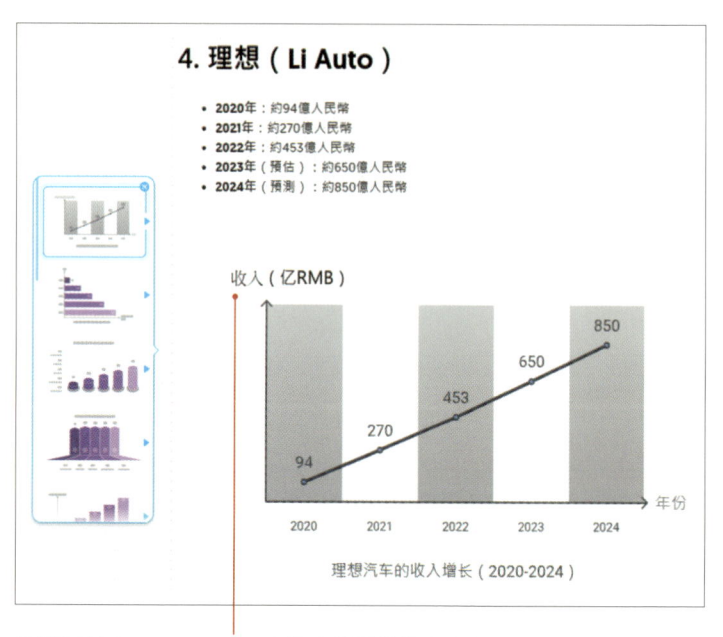

可以直接在 PowerPoint 中修改縱軸的單位設定，以更正錯誤。

▲ 圖 4-24

　　許多大語言模型在資訊搜尋方面表現優異，但在將數據轉換為圖表的能力上相對薄弱。因此，Napkin AI 便成為一個理想的協作夥伴，能有效補足這方面的不足。

/ NOTE /

05

Gamma

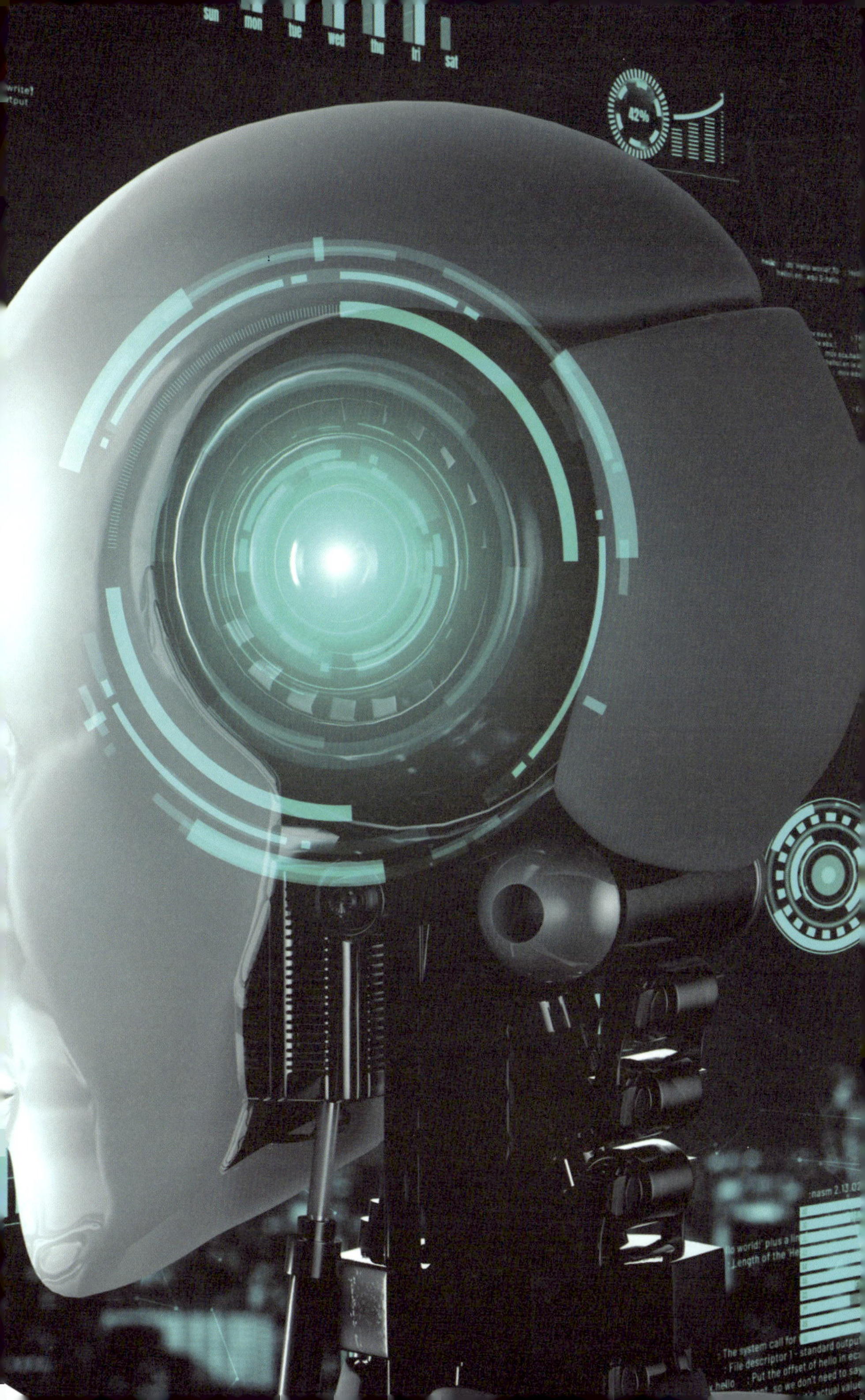
sun
mon
tue
wed
thu
fri
sat
42%
The system call for

在辦公室工作，經常需要在短時間內完成一份簡報或文件，這幾乎是所有上班族的日常。相信大家都有類似的經驗，為了製作一份精美生動的簡報，總是用盡洪荒之力、耗費大量時間。不過，Gamma 的出現，為我們解決了這個難題。

Gamma 是一款 AI 生成工具，主打「一鍵生成簡報、文件或網頁」，大幅降低製作簡報的門檻。

Gamma 的優勢與限制

Gamma 的主要優勢在於==提供大量簡報模板與素材模組==，並內建網路圖片搜尋功能，協助使用者能夠迅速完成簡報設計。然而，Gamma 也存在一些限制：由於採用預設的模板與模組，使用者的自由調整空間相對較小，對於希望發揮創造力的人而言，可能會感到受限。此外，Gamma 的內容生成能力也較有限，若期待一鍵產出完整且具深度的簡報內容與設計，可能會發現生成結果過於簡單，缺乏深入性。

因此，建議將 Gamma 與大語言模型（如 ChatGPT 或 Gemini）結合使用，由大語言模型負責撰寫簡報內容，而 Gamma 則負責排版與設計，這樣可以獲得更完善的簡報成果。

Gamma 的付費標準

免費會員在註冊 Gamma 後可以獲得 400 Credits，如果介紹朋友註冊還可以獲得額外的 200 Credits。使用 AI 生成簡報、網頁或文件，每次消耗 40 Credits。而使用 AI 編輯功能，每次會消耗 10 Credits，不過，一般編輯文章、簡報則不會消耗 Credits。

如果支付每月 20 美元的費用，可以升級至 Gamma Pro，獲得無限 Credits。若訂閱一年，則是每月 16 美元。

Gamma 的使用步驟

1. 註冊並登入 Gamma

首先，訪問 Gamma 官方網站，使用 Google 帳號或電子郵件註冊，並完成基本設定後，即可開始使用。

2. 選擇簡報生成方式

在 Gamma 的使用介面（圖 5-1）上，有三種不同的簡報生成方式：

- ▶ 「貼上文字」：適用於已準備好簡報草稿的使用者，Gamma 會根據提供的文字內容製作簡報。
- ▶ 「生成」：Gamma 根據使用者提供的指令，自動生成簡報內容並完成設計。
- ▶ 「匯入檔案或網址」：適用於從現有文件或網頁內容轉換成簡報的需求。

▲ 圖 5-1

3. 文字內容輸入與設定

以《AI 人工智慧最新浪潮—停不下來的列車》一書中第 4 章內容為範例，我們選擇「貼上文字」，並將文字內容貼入對話框，如圖 5-2。接著，Gamma 會詢問「你想用這些內容來創作什麼呢？」，選擇「簡報內容」，點擊「繼續」，即可進入指令編輯器頁面，如圖 5-3。

▲ 圖 5-2

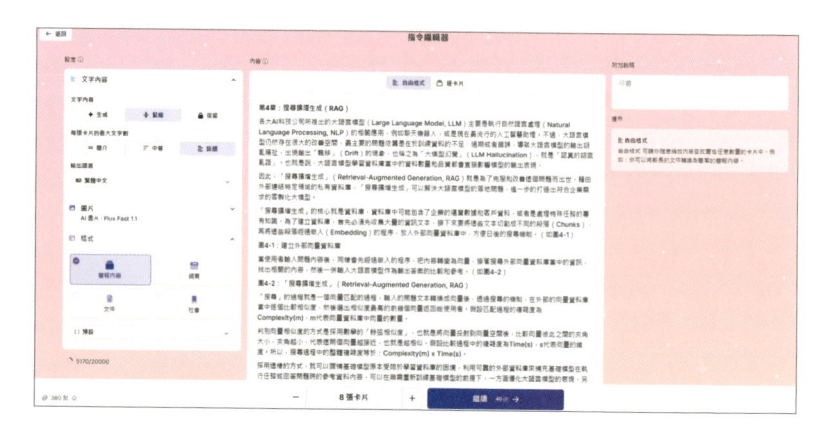

▲ 圖 5-3

在指令編輯器頁面中，我們可以看到：

- 左側欄位：可設定文字內容、圖片與格式，建議選擇「保留」文字內容，以避免關鍵資訊遺失。
- 中間內容欄：提供「自由格式」與「逐卡片」兩種選項。
- 自由格式：Gamma 自動分割內容，生成簡報卡片。
- 逐卡片：使用者自行設定每張卡片的主題內容。
- 下方選項：可調整簡報卡片數量。免費版最多生成 10 張卡片，若內容較多，需升級至 Pro 版，最多可生成 60 張卡片。（圖 5-4）

▲ 圖 5-4

4. 選擇簡報主題風格

接下來，進入主題風格選擇頁面，如圖 5-5。右側欄位提供多種預設簡報模板，使用者可選擇適合的風格，並進一步調整細節。選定模板後，左側會顯示預覽畫面，若不滿意可重新選擇。完成後，點擊「生成」按鈕，如圖 5-6。

▲ 圖 5-5

▲ 圖 5-6

5. 簡報編輯與調整

約 30 秒內,Gamma 即可生成一份專業且美觀的簡報,如圖 5-7。接下來,可針對各張簡報卡片進行細部調整,右下角的「開始使用」欄位能引導使用者進行編輯。

▲ 圖 5-7

6. 匯出簡報

完成調整後,點擊右上角的「…」按鈕,選擇「匯出」,如圖 5-8。再選擇「匯出至 PowerPoint」。稍等數分鐘,即可獲得 PowerPoint 檔案,如圖 5-9。方便後續使用與分享。

▲ 圖 5-8

▲ 圖 5-9

NOTE

06

Raphael AI

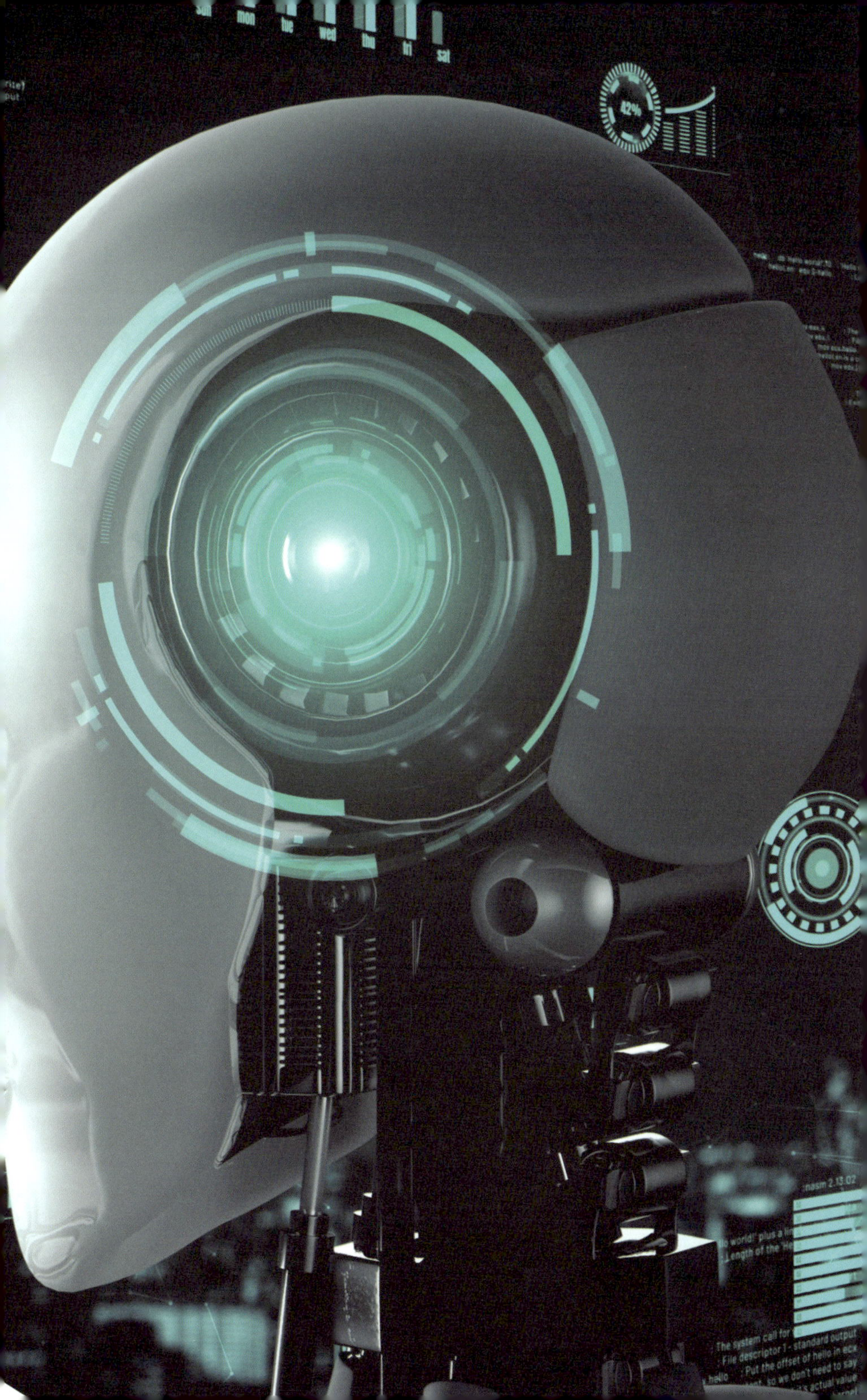
mon
tue
wed
thu
fri
sat
42%
:nasm 2.13.02

由於市面上許多「文生圖像」的 AI 生成工具都需要付費使用，就算有免費版本，使用次數也會受限。因此 Raphael AI 的免付費、不限次數，以及不需註冊，已經贏得了創作者高度的讚賞。不僅如此，Raphael AI 採用先進的 FLUX.1-Dev 模型為底層技術，可以快速生成具備各種風格的高品質圖像。

Raphael AI 的優勢

一、**免付費且不限次數**。一般的 AI 繪圖工具也會提供免費版本，但是往往都有次數上的限制，所以使用起來，很難隨心所欲。Raphael AI 就沒有這樣的問題。雖然也有提供付費版本給更為專業的人士和高頻率使用者來選擇，但是免付費版本是完全不限次數，這對普通上班族來說是非常友善的。

二、**不需要建立帳號及註冊**。其他的 AI 應用程式都需要進行註冊，設立帳號以及密碼，有的時候還要回答一連串的問題後才能開始使用。而 Raphael AI 完全不需要經過這樣的程序。只要登入 Raphael AI 官方網站，就可以立即開始使用。對於使用者來說非常體貼，可以節省許多不必要的時間。

三、**多風格且高品質**。Raphael AI 提供各種風格的圖像生成來供使用者選擇，最特別的是，在不需付費的

情況之下，Raphael AI 仍然能夠提供相當令人滿意的品質。

四、**輸出圖像沒有浮水印**。使用者可以直接取用輸出的圖像，而不需要再經過任何去除浮水印的過程。

五、**支持繁體中文輸入**。許多知名的 AI 圖像生成工具都必須用英文來輸入指令。Raphael AI 除了接受英文指令之外，也可以支援使用繁體中文來輸入指令，對華人使用者來說無疑是一大福音。

六、**操作簡單，方便使用**。比起其他的 AI 圖像生成工具。Raphael AI 並沒有複雜的設定和操作，所以一般的小白也可以輕鬆上手。

Raphael AI 的限制

一、圖像清晰度受限於 1024*1024。

二、所提供的功能相對比較簡單。

三、生成內容只能在模型內保存 10 分鐘。

Raphael AI 的使用步驟

一、訪問 Raphael AI 網站（https://raphael.app/zh）。

二、輸入提示詞，盡量描述細節。

三、點擊「生成」鍵，生成 4 張圖像，做初步挑選。

四、使用「精修版」的功能，進行微調。

五、下載並且使用圖像。

應用範例

範例一：中文輸入

我們可以請 Raphael AI 幫我們生成在第 1 章中由 Gemini 2.0 為我們設計的那一隻可愛俏皮的白色捲毛兔子：

一隻可愛俏皮的白色捲毛兔子
角色外觀：
顏色：純淨的白色，強調潔白無瑕的可愛感。
毛髮：蓬鬆柔軟的捲毛，觸感舒適，視覺上增加可愛度。
眼睛：大而圓的眼睛，顏色可以是溫柔的粉色、水藍色或琥珀色，眼神要靈動有神，充滿好奇和俏皮。
耳朵：長長的耳朵，可以稍微下垂或豎起，增加不同的表情變化。耳朵內側可以是淡淡的粉色或淺灰色。
鼻子：小巧的粉色鼻子，微微翹起，更顯俏皮。
表情：主要表情是微笑、好奇、興奮、一點點小小的調皮，總之要展現活潑開朗的個性。

只需要 20 秒鐘的時間，Raphael AI 就可以為我們生成 4 張初步的圖像，如圖 6-1。我們可以點選其中一張，再進行細部的調整。

當然，如果輸入的指令更為詳盡，並且反覆測試，自然可以得到更符合我們需求的圖像。

▲ 圖 6-1

範例二：英文輸入

我們可以嘗試用英文來輸入指令，倘若我們希望生成「一位身穿紅色連衣裙的女士，站在巴黎鐵塔前，背景是夕陽西下的天空。」的圖像，我們可以輸入下列英文指令：

"A woman wearing a red dress, standing in front of the Eiffel Tower, with a sunset sky in the background. Realistic style, warm colors, golden hour lighting."

同樣的，20 秒鐘後，Raphael AI 就可以為我們提供 4 張初步的圖像，如圖 6-2。我們選擇了其中一張，再進行細部的精修，如圖 6-3。

▲ 圖 6-2

在圖 6-2 中，Raphael AI 根據我們輸入的指令，生成了 4 張紅色連衣裙女士的圖像，角度各異，包括背面、側面，以及不同的人物比例。背景也精準對應了「黃昏時的艾菲爾鐵塔」這一設定。

值得注意的是，在這四張圖像中，無論是穿著紅色連衣裙女士的髮絲，還是連衣裙的裙擺，都精準地符合真實世界的物理原則。尤其是連衣裙採用紗質材質，夕陽光線因此能夠若隱若現地透過紗裙裙擺，營造出極具真實感的光影效果。

Chapter 06　Raphael AI

生成: "A woman wearing a red dress, standing in front of the Eiffel Tower, with a sunset sky in the background. Realistic style, warm colors, golden hour lighting."

▲ 圖 6-3

　　我們選定的這張圖片在經過優化處理後，解析度明顯大幅提升。接下來，我們可以點擊圖片右上角的下載圖示，儘快將圖片下載下來，因為圖片在 Raphael AI 上僅會保留 10 分鐘。

　　事實上，無論是「影片生成」還是「圖像生成」的 AI 工具，影響輸出品質最關鍵的因素，往往在於是否能下達精準

163

的指令。除了仰賴反覆操作、累積經驗之外,我們當然也可以借助大語言模型,協助生成更精確的提示詞。

一個好的 AI 生成工具指令應該盡可能提供以下資訊:

- ▶ **情境**:這段文字描述的是什麼場景?(例如:風景、人物、動物、抽象概念等)
- ▶ **風格**:您希望生成的圖像風格是什麼?(例如:寫實、卡通、油畫、賽博龐克等)
- ▶ **細節**:有沒有任何特定的細節或元素是您希望在圖像中強調的?(例如:特定的顏色、光線、構圖等)

/ NOTE /

07
Quark

sun
mon
tue
wed
thu
fri
sat
42%
nasm 2.13.02
The system call for
File descriptor 1 - standard output

中國阿里巴巴集團在 2025 年 3 月推出了升級版本的 Quark AI。這款工具結合了阿里巴巴旗下最強大的 AI 模型—通義千問（Qwen AI），具有深度思考、完成任務及聊天對話的功能，特別是一鍵生成簡報 PPT 的能力，讓它成為上班族的最佳助理。

Quark 的優勢

一、支援多設備使用：可在手機、平板 PC 上運行。

二、精準智能搜尋：搭載通義千問大模型，提升搜尋效率。

三、強大轉檔功能：支援 PDF 轉換為 Word、PPT、Excel、TXT 和圖檔。

Quark 的使用步驟

一、進入官網（quark.cn），如圖 7-1，點擊「Windows 版」，下載並且安裝 Quark PC 版本。

二、打開 Quark，完成註冊後，開始使用，如圖 7-2。在註冊時可能需要一個中國大陸的手機號碼來接收驗證碼。

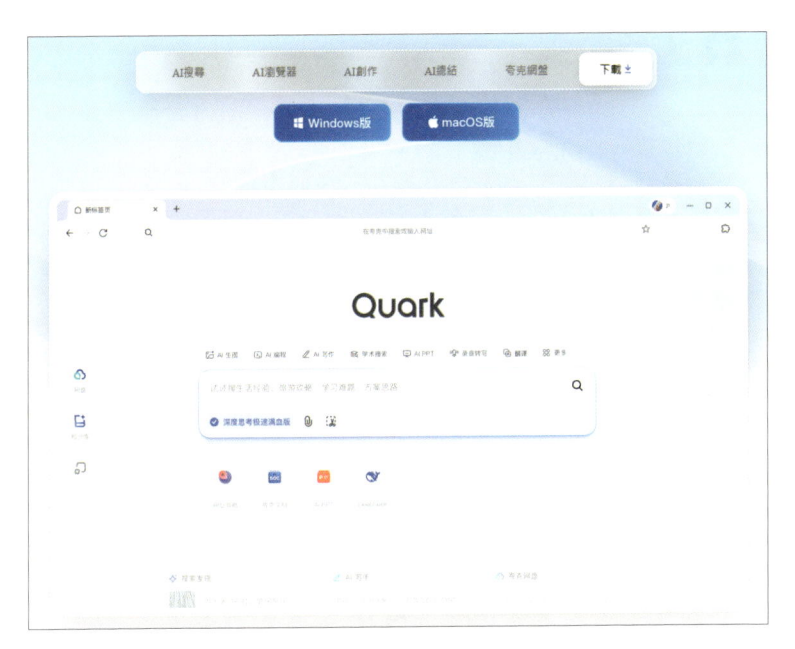

▲ 圖 7-1

▲ 圖 7-2

應用範例

範例一：製作簡報

倘若要生成簡報，點擊對話欄上方的「AI PPT」選項，進入 AI PPT 頁面，如圖 7-3。對話框下方可以設定頁數、語言、風格以及顏色。

對話框下方可以設定頁數、語言、風格以及顏色。

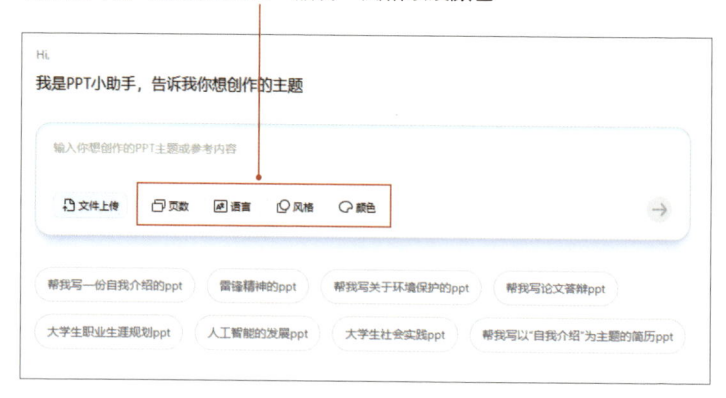

▲ 圖 7-3

假設我們要請 Quark 為我們製作一份介紹中國五大電動車企業的簡報資料。我們可以在頁面對話框的下方，先進行簡報格式設定：

頁數：10-20 頁

語言：中文

風格：創意 / 炫酷

顏色：全部顏色

然後輸入下列指令：（圖 7-4）

請幫我寫一份介紹中國五大電動車企的 ppt

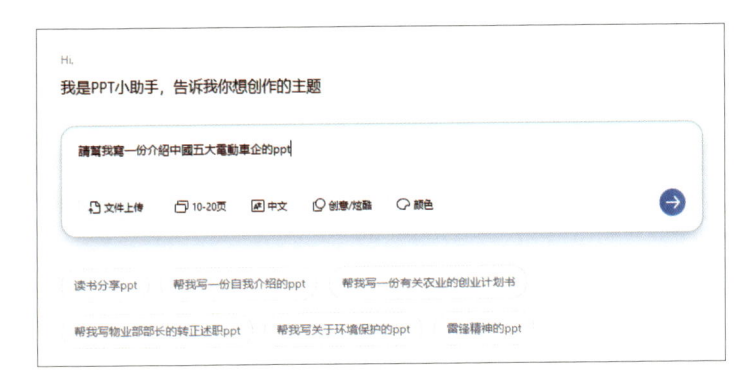

▲ 圖 7-4

Quark 便迅速完成簡報生成，如圖 7-5。左側顯示生成的大綱，如圖 7-6，可直接修改；右側則預覽簡報效果，如圖 7-7。

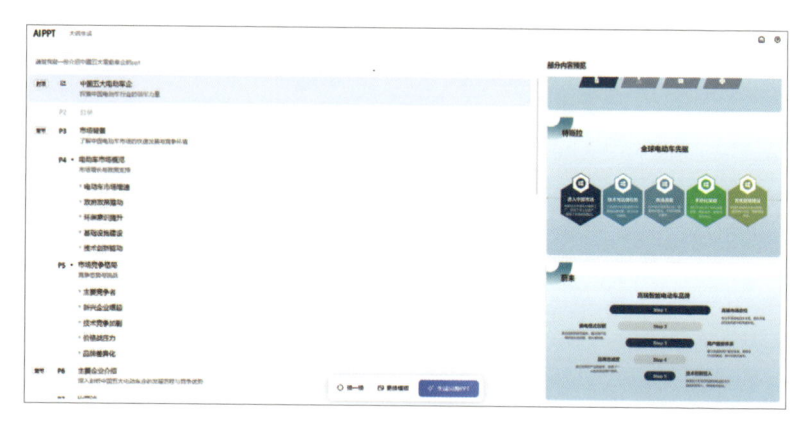

▲ 圖 7-5

簡報大綱預覽的主要目的，是讓 Quark 在正式生成 PPT 檔案前，能再次確認內容與方向是否符合我們的預期。若發現需要調整的部分，也能即時修正，避免在簡報生成後還需進行大幅修改，節省時間與心力。

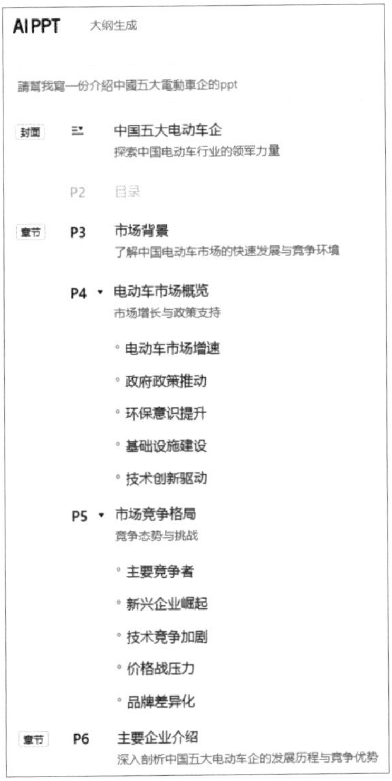
AI PPT
大纲生成
請幫我寫一份介紹中國五大電動車企的ppt
封面
中国五大电动车企
探索中国电动车行业的领军力量
P2
目录
章节
P3
市场背景
了解中国电动车市场的快速发展与竞争环境
P4
电动车市场概览
市场增长与政策支持
电动车市场增速
政府政策推动
环保意识提升
基础设施建设
技术创新驱动
P5
市场竞争格局
竞争态势与挑战
主要竞争者
新兴企业崛起
技术竞争加剧
价格战压力
品牌差异化
章节
P6
主要企业介绍
深入剖析中国五大电动车企的发展历程与竞争优势

▲ 圖 7-6-1

```
AI PPT    大綱生成

請寫我寫一份介紹中國五大電動車企的ppt

    P7 ▼  比亞迪
            新能源汽車領導者

         ○ 發展歷程
         ○ 技術創新
         ○ 全球市場布局
         ○ 品牌知名度

    P8 ▼  特斯拉
            全球電動車先驅

         ○ 進入中國市場
         ○ 技術與品牌優勢
         ○ 市場表現
         ○ 本地化策略
         ○ 充電網絡建設

    P9 ▼  蔚來
            高端智能電動車品牌

         ○ 高端市場定位
         ○ 換電模式創新
         ○ 用戶服務體系
         ○ 品牌忠誠度
         ○ 技術創新投入

    P10 ▼ 小鵬汽車
            智能電動車先鋒
```

▲ 圖 7-6-2

Chapter 07　Quark

```
AI PPT    大纲生成

請幫我寫一份介紹中國五大電動車企的ppt
            。用戶服務體系
            。品牌忠誠度
            。技術創新投入

    P10 ▼ 小鵬汽車
          智能電動車先鋒

            。智能化特色
            。科技研發
            。市場拓展
            。用戶體驗優化
            。創新營銷策略

    P11 ▼ 理想汽車
          增程式電動車開拓者

            。增程式技術
            。產品特色
            。市場表現
            。用戶口碑
            。未來發展潛力

    P12   結尾
```

▲ 圖 7-6-3

175

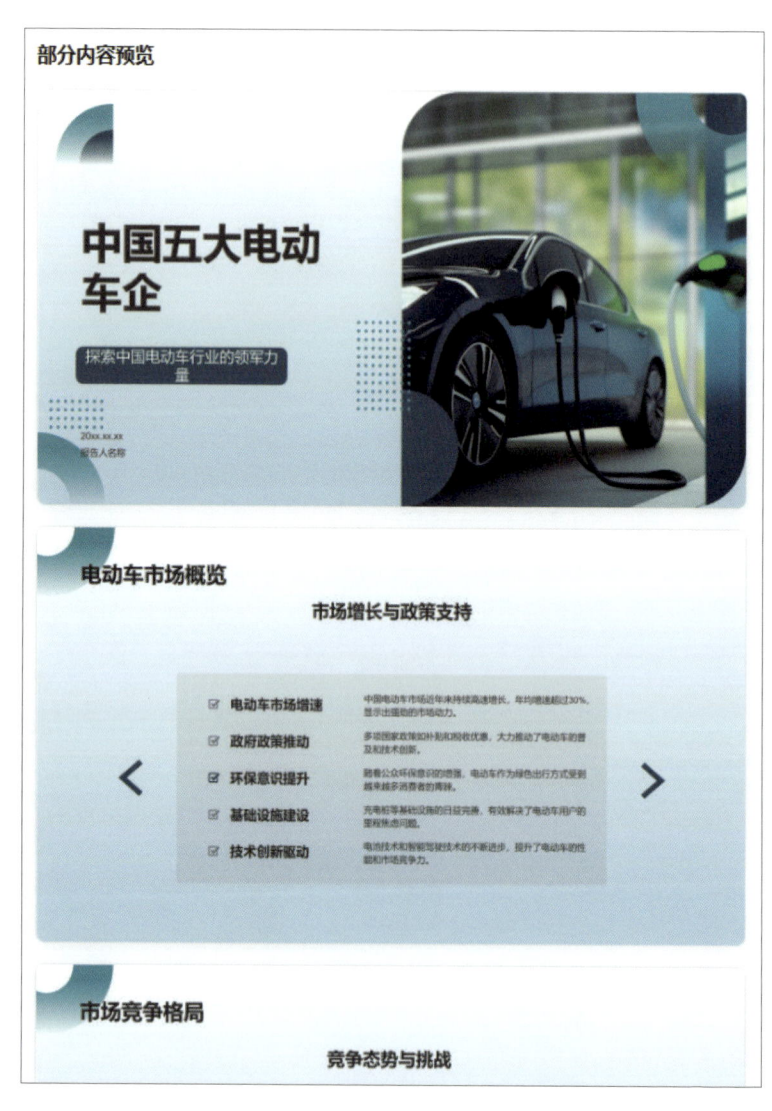

▲ 圖 7-7

Chapter 07　Quark

在螢幕下方會看到三個選項。若對目前的簡報模板不滿意，可以點擊「更換模板」，系統便會顯示各種不同風格的模板供我們挑選。選定新模板後，右側會顯示對應的效果預覽，方便進行比較與確認。

如果對原先生成的簡報內容已經滿意，則可直接點選「生成完整 PPT」。此時，一份精美的簡報便會自動生成，如圖 7-8。

接著，可點擊下方的「編輯內容」，逐頁進行細部調整。完成後，點選「下載 PPT」即可將簡報儲存至本機。由於系統預設產出簡體字簡報，可於 PowerPoint 中開啟後，再將內容轉換為繁體字。

▲ 圖 7-8

177

範例二：AI 生圖

還記得在第一張由 Gemini 2.0 為我們設計的那一隻可愛俏皮的白色捲毛兔子嗎？我們可以請 Quark 為我們生成這一隻兔子的圖片。首先，點擊首頁對話框上方的「AI 生圖」選項。然後在對話框中輸入：

> 一隻可愛俏皮的白色捲毛兔子
> 角色外觀：
> 顏色：純淨的白色，強調潔白無瑕的可愛感。
> 毛髮：蓬鬆柔軟的捲毛，觸感舒適，視覺上增加可愛度。
> 眼睛：大而圓的眼睛，顏色可以是溫柔的粉色、水藍色或琥珀色，眼神要靈動有神，充滿好奇和俏皮。
> 耳朵：長長的耳朵，可以稍微下垂或豎起，增加不同的表情變化。耳朵內側可以是淡淡的粉色或淺灰色。
> 鼻子：小巧的粉色鼻子，微微翹起，更顯俏皮。
> 表情：主要表情是微笑、好奇、興奮、一點點小小的調皮，總之要展現活潑開朗的個性。

與其他的 AI 生圖工具不同，Quark 會將上方的提示詞自動整合潤色，然後生成兩張兔子的圖像，如圖 7-9。在圖像的下方還有三個經過整合潤色的提示詞可以供我們選擇。選

擇其中一個提示詞，便可以再生成另外兩張兔子的造型，如圖 7-10。我們可以不斷嘗試，一直到 Quark 生成出讓我們滿意的圖像。

▲ 圖 7-9

▲ 圖 7-10

當然我們也可以輸入下列指令,請 Quark 為我們生成那一隻頭戴棒球帽的馬爾濟斯犬:(圖 7-11)

請幫我生成一張可愛俏皮的馬爾濟斯犬的圖片,牠有圓圓的眼睛,白色的毛髮,頭上戴著一頂棒球帽。

Chapter 07　Quark

▲ 圖 7-11

　　同樣的，Quark 也將提示詞經過潤飾處理。很快的，我們就得到兩張馬爾濟斯犬的圖像，如圖 7-12。

　　圖 7-12 中的兩張圖片皆完全符合我們所輸入指令的要求。唯一的差異是，由於我們未特別指定棒球帽的顏色，因此系統分別生成了兩張頭戴不同顏色帽子的馬爾濟斯犬。

181

▲ 圖 7-12

　　當我們選定想要的圖片後,只需點擊圖片,接著點擊圖片下方的下載圖示,即可將該圖片下載下來。

NOTE

結語

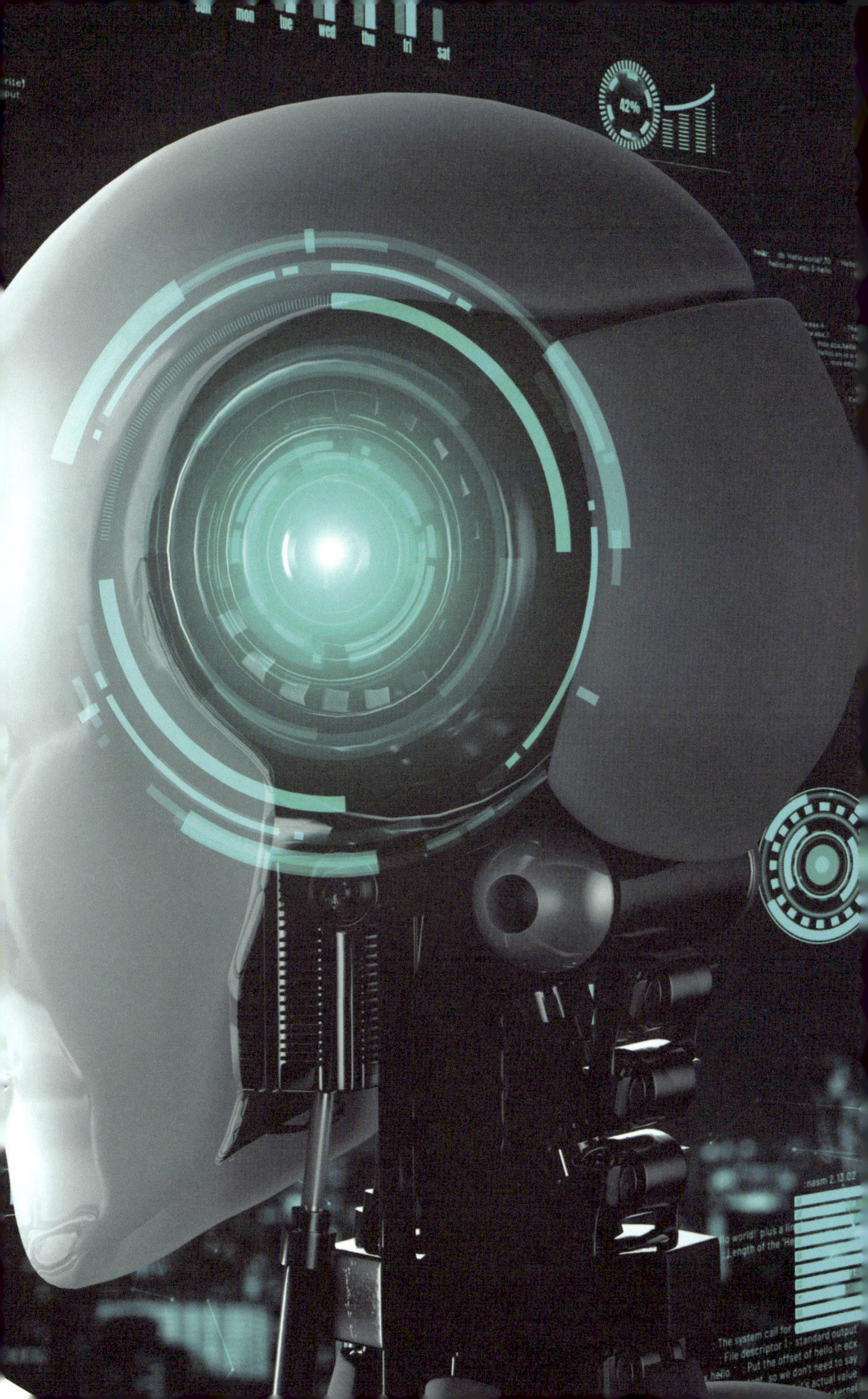
mon
tue
wed
thu
fri
sat
42%
nasm 2.13.02

介紹完這七位 AI 小助理的工作能力後，相信大家都能理解，任何 AI 生成工具都不是萬能的。因此，在運用這些 AI 小助理時，我們必須先掌握各自的專長與限制，才能將任務分配給最合適的工具，進而獲得令人滿意的成果。

舉例來說，若我們想查詢漫威宇宙《復仇者聯盟》系列電影的票房數據，這類屬於美國地區的資訊，較適合交由 Gemini 2.0 查詢。而若想了解中國前五大電動車企業的年度銷售額，則更適合使用由中國團隊開發與訓練的 DeepSeek 來處理。

儘管大語言模型在文書處理、創作、規劃與翻譯方面展現強大能力，但在搜尋資料時仍可能因資料來源受限而出現所謂的「大模型幻覺」。因此，對 AI 輸出的內容，仍需進一步核實，以確保資訊的準確性。

此外，面對某些較為複雜的任務，也可能需要多位 AI 小助理協同合作，才能順利完成。例如，當我們要製作中國前五大電動車企業的年度營收圖表時，可以先由 DeepSeek 協助取得詳細資料並轉換為數據表格，再交由擅長資料視覺化的 Napkin AI 負責圖表製作。

又或者，當我們需要針對某個工作主題生成內容並製作簡報時，雖然 Gamma 擅長設計簡報，但它並不是最理想的內容生成工具。因此，較好的做法是先由具備強大語言理解與生成能力的大語言模型負責撰寫內容，再交由 Gamma 進行簡報設計，如此才能產出更優質的成果。

只要能夠掌握每一位 AI 助理的專長，並善用分工合作的方式處理各類任務，毫無疑問，你將能在未來職場中游刃有餘，成為真正的高效能上班族。

/ NOTE /